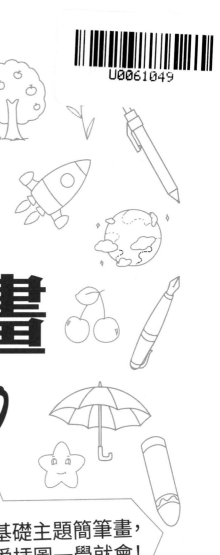

極簡
簡筆畫
6000
例

零基礎主題簡筆畫，
可愛插圖一學就會！

趙京京 主編

壹號圖編輯部 編著

U0061049

前言

　　在你看到美好的事物時，是否苦惱於自己無法用語言把它描繪，是否遺憾於自己沒有馬良之筆？或許你也曾鼓起勇氣拿起畫筆，但又因事物複雜的外形和多樣的色彩難以描繪而放棄。慢慢地，我們習慣了用手機和相機記錄自己眼中的世界。慢慢地，我們就忘記了最初的情感表達方式——繪畫。

　　繪畫不只是孩子們的天性，它也是人們情感最直接的表達。在文字出現之前，大家都是用圖來傳遞信息。本書就教你如何用簡單線條勾勒出你心中所想，目中所看。

　　所謂簡筆畫，就是提取客觀事物最典型、最突出的特徵，以平面化、程式化的形式和簡潔洗練的筆法，表現出所描畫形象的可識性特徵的繪畫。就像我們小時候在課本和筆記本上畫的小圖案一樣，簡單、形象、可愛。

　　本書就是在抓住簡筆畫形式程式化、筆法簡潔這兩個特點的基礎上，按照由淺入深、由易到難的順序將人們常見的事物一一介紹，書中包括動物、人物、食物、植物、自然、建築、交通工具、生活用品和其他共 360 多個形象，這些形象造型簡單概括，形式生動活潑，畫法簡單明瞭，並配有繪製步驟，簡單易學。

　　只要一兩分鐘，你就能繪出一個神奇的世界！一條直線就是遠處的地平線，彎彎的曲線是流動的河水，三角形的房頂，還有沾滿芝麻的冬甩……想想就覺得特別有意思。還有兇猛的豹子、活潑的袋鼠、美麗的孔雀、慵懶的貓咪……一支畫筆就能請到孩子喜歡的小伙伴來家中做客！

　　在這裡，什麼都可以畫，我們力求利用簡單的線條畫出可愛的圖案，描繪人們生活中的美好。同時我們也相信人們的生活會因為有了可愛的簡筆畫而充滿更多的樂趣。

　　本書不僅適合沒有繪畫基礎的初學者，也可以作為家長輔導孩子的家庭教材，或者作為幼稚園教師和小學美術教師的教學參考書使用。

　　還等什麼，趕快準備好紙和筆，和我們一起快樂地畫簡筆畫吧！

目錄

第一章
做好繪畫前的準備

第二章
動物

第五章
植物

第六章
自然

第七章
交通工具

第八章
日常用品

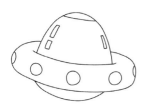

第九章
建築

第十章
其他

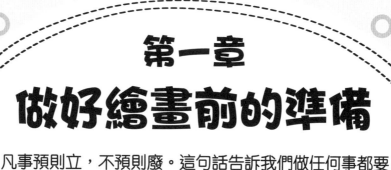

第一章
做好繪畫前的準備

凡事預則立，不預則廢。這句話告訴我們做任何事都要事先準備，繪畫更是如此，不僅需要準備繪畫物品，還需要我們瞭解基本的繪畫方法。更為重要的是要有一雙善於發現美的眼睛。

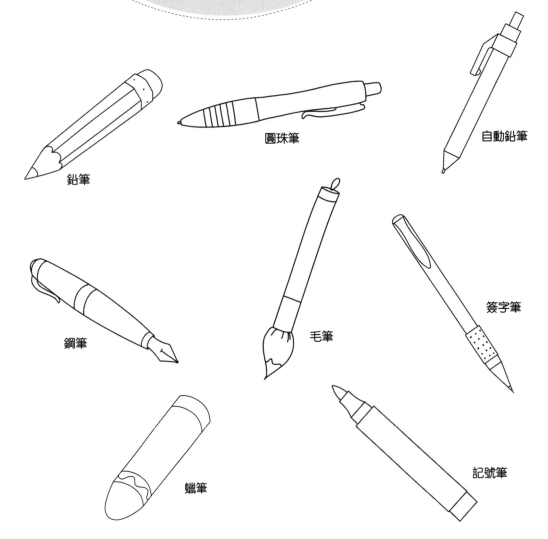

筆

作為人類偉大發明之一的筆是繪畫最基本的工具，各種類型的筆都能成為人們手中的畫筆。

準備用品

鉛筆

圓珠筆

自動鉛筆

鋼筆

毛筆

簽字筆

蠟筆

記號筆

紙和其他物品

紙是繪畫的載體，當然如擦膠之類的其他物品也必不可少。

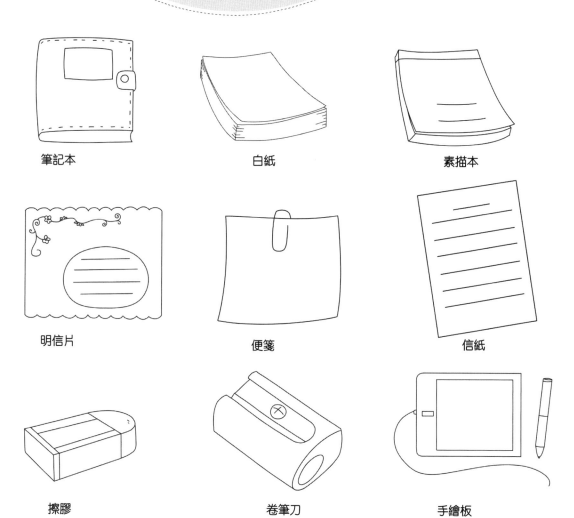

筆記本　　　　　　白紙　　　　　　素描本

明信片　　　　　　便箋　　　　　　信紙

擦膠　　　　　　卷筆刀　　　　　　手繪板

基本的繪畫步驟

拿起筆，用簡單的點線組合，
就可以勾勒出形象的圖畫。

繪畫手法

1. 首先觀察要畫的事物，明確其特點。

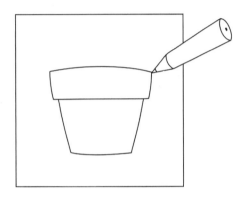

2. 其次用鉛筆來勾勒出物品的大致形狀。

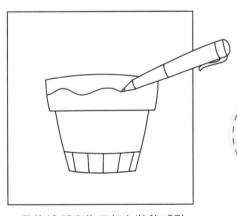

3. 最後給所畫物品加上裝飾或點
綴，使整個圖案更加形象。

除此之外，還可以選
擇電腦繪圖。在電腦
繪圖時，首先需要選
擇自己擅長的繪圖軟
件，然後用手繪板按
照正常的繪畫步驟進
行即可。

第二章
動物

從我們熟悉的可愛小貓、靈動小狗，到動物園中的珍貴
熊貓、美麗孔雀；從草原上強壯的豹，到水中暢游的
魚兒；從慢慢蠕動的毛毛蟲，到空中快速飛翔的
老鷹……各種各樣生動活潑的動物
為我們的生活平添了許多樂趣。

豹子

豹子是一種兇猛的動物，牠們動作靈活，是敏捷的獵手。

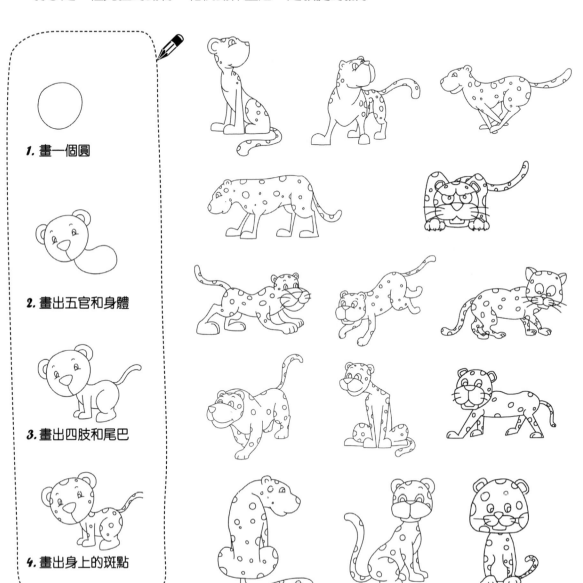

1. 畫一個圓

2. 畫出五官和身體

3. 畫出四肢和尾巴

4. 畫出身上的斑點

刺蝟

　　刺蝟身體肥胖矮小，有銳利的爪子和小巧的眼睛，渾身有短而密的刺。牠們會游泳，怕熱，睡覺時愛打呼嚕。

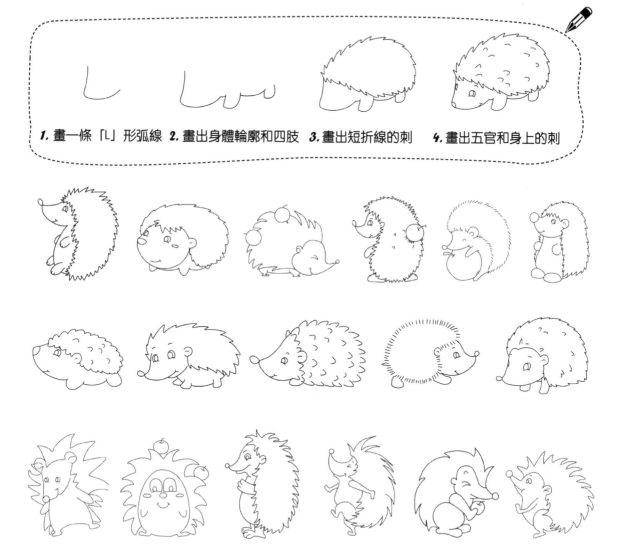

1. 畫一條「L」形弧線　**2.** 畫出身體輪廓和四肢　**3.** 畫出短折線的刺　**4.** 畫出五官和身上的刺

大象

大象有長長的鼻子和用於防禦的鋒利象牙，牠們喜歡過群居生活。

1. 畫出長長的鼻子

2. 畫出身體和粗壯的四肢

3. 畫出大大的耳朵和象牙

4. 畫出五官和尾巴

5. 畫出腳趾

袋鼠

袋鼠胸前的袋子是牠們的育兒袋,只有雌性袋鼠才有。

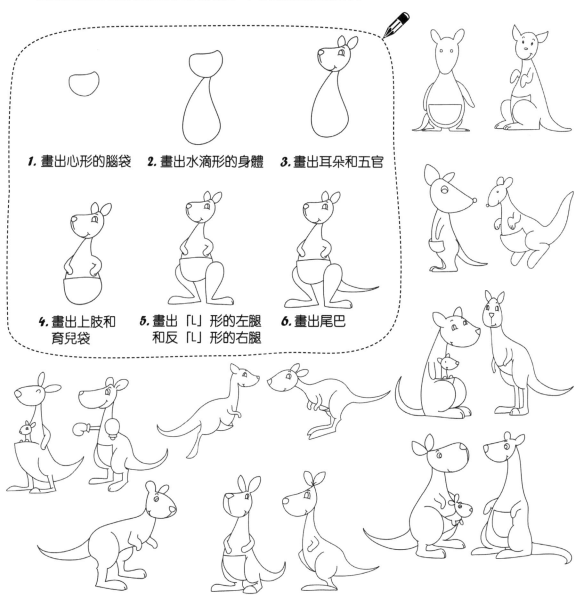

1. 畫出心形的腦袋

2. 畫出水滴形的身體

3. 畫出耳朵和五官

4. 畫出上肢和
   育兒袋

5. 畫出「ㄴ」形的左腿
   和反「ㄴ」形的右腿

6. 畫出尾巴

鱷魚

鱷魚是一種冷血爬行動物，牠們臉長嘴巴大。

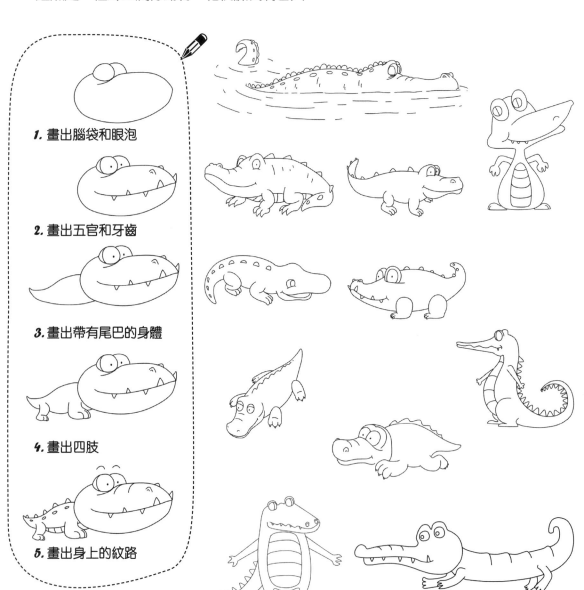

1. 畫出腦袋和眼泡

2. 畫出五官和牙齒

3. 畫出帶有尾巴的身體

4. 畫出四肢

5. 畫出身上的紋路

飛魚

飛魚有像鳥類翅膀一樣的胸鰭，牠們憑藉發達的胸鰭能夠高高地躍出水面。

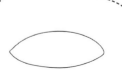

1. 畫出長梭形的身體

2. 畫出眼睛和一片胸鰭

3. 再畫一片胸鰭

4. 畫出三角形的尾巴

蜂鳥

蜂鳥是世界上最小的鳥類，被人們稱為「神鳥」。

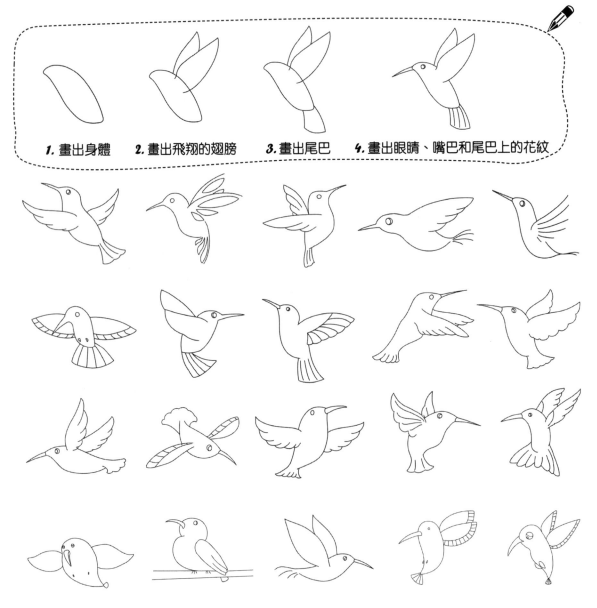

1. 畫出身體　　2. 畫出飛翔的翅膀　　3. 畫出尾巴　　4. 畫出眼睛、嘴巴和尾巴上的花紋

小狗

小狗是人類的朋友，牠們聰明又忠誠。

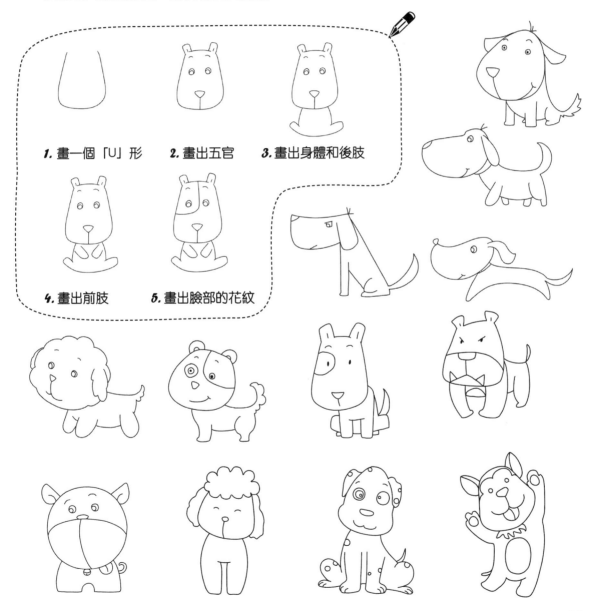

1. 畫一個「U」形　　2. 畫出五官　　3. 畫出身體和後肢

4. 畫出前肢　　5. 畫出臉部的花紋

海豹

海豹的身體呈紡錘形，頭部近圓形，尾巴短小而扁平。

1. 畫一個尾端上翹的橢圓

2. 畫出五官和鬍子

3. 畫出鰭部

4. 畫出尾巴

海馬

海馬有長管形的吻，牠們行動遲緩，卻能有效地捕捉到行動迅速、善於躲藏的生物。

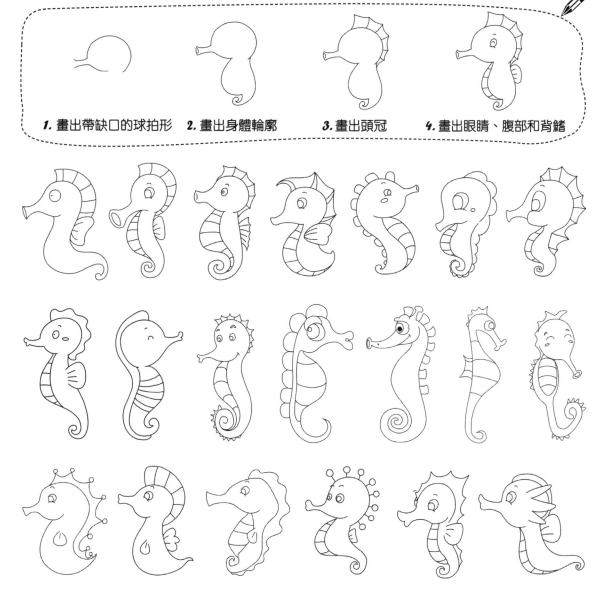

1. 畫出帶缺口的球拍形　*2.* 畫出身體輪廓　*3.* 畫出頭冠　*4.* 畫出眼睛、腹部和背鰭

海豚

海豚的體形呈流線型，是智商最高的動物之一。

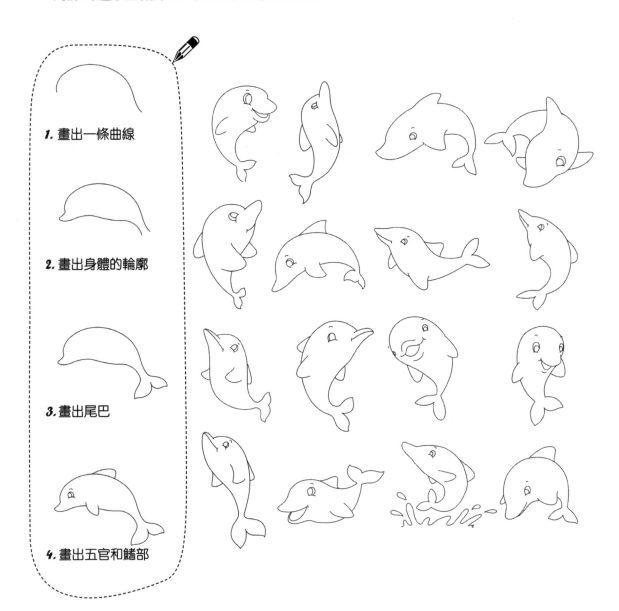

1. 畫出一條曲線

2. 畫出身體的輪廓

3. 畫出尾巴

4. 畫出五官和鰭部

河馬

河馬身體粗圓，四肢比較短，有碩大的腦袋和嘴巴，眼睛、耳朵和尾巴則比較小。

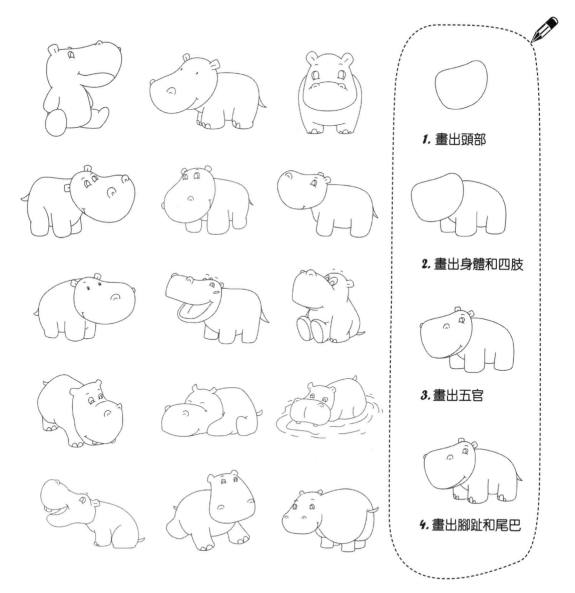

1. 畫出頭部

2. 畫出身體和四肢

3. 畫出五官

4. 畫出腳趾和尾巴

鶴

鶴是一種頭小頸長的動物，有長而直的嘴巴、細長的腿和爪子。

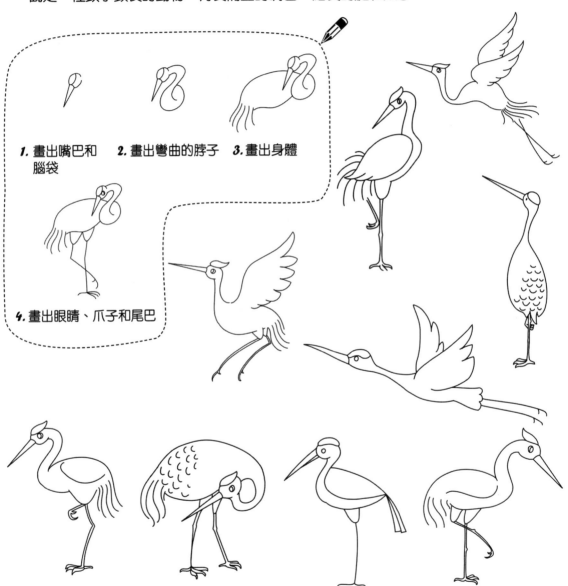

1. 畫出嘴巴和腦袋
2. 畫出彎曲的脖子
3. 畫出身體
4. 畫出眼睛、爪子和尾巴

猴子

活潑機靈的猴子有長長的尾巴，牠們最喜歡吃香蕉。

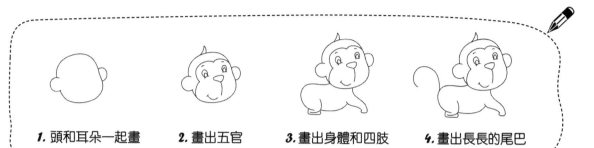

1. 頭和耳朵一起畫　　2. 畫出五官　　3. 畫出身體和四肢　　4. 畫出長長的尾巴

蝴蝶

五彩斑斕的蝴蝶是迄今人們發現的活著的最原始的動物之一。

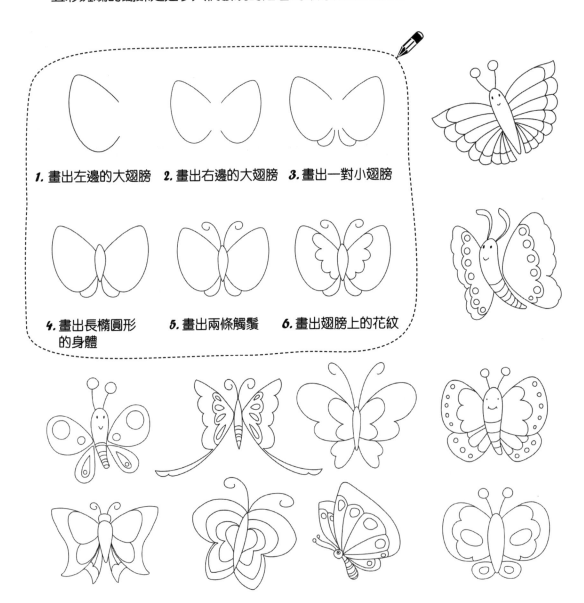

1. 畫出左邊的大翅膀　2. 畫出右邊的大翅膀　3. 畫出一對小翅膀

4. 畫出長橢圓形
   的身體　　　　5. 畫出兩條觸鬚　6. 畫出翅膀上的花紋

浣熊

浣熊因其吃食物之前要將食物在水中洗一遍而得名。

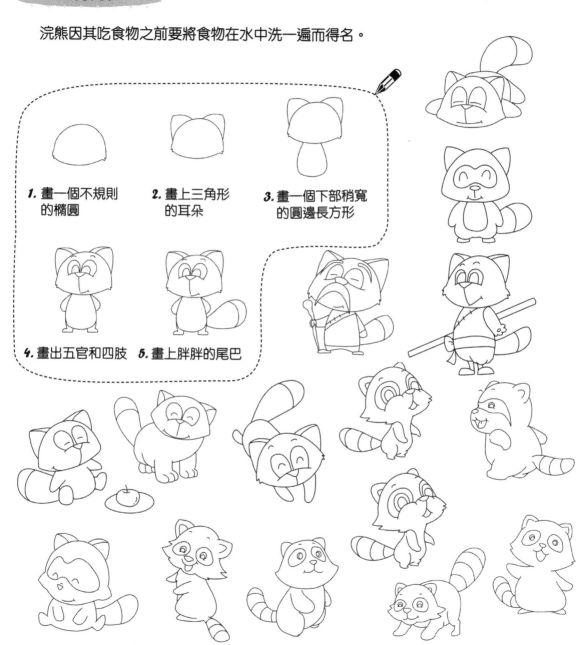

1. 畫一個不規則的橢圓

2. 畫上三角形的耳朵

3. 畫一個下部稍寬的圓邊長方形

4. 畫出五官和四肢

5. 畫上胖胖的尾巴

黃鸝

成年的黃鸝羽毛多為黃、黑兩色，而年幼的黃鸝羽毛偏綠色。

1. 畫一個圓
2. 畫上嘴巴和眼睛
3. 畫出身體
4. 畫上翅膀
5. 畫出尾巴

火烈鳥

火烈鳥多喜歡群居，牠們一般會在晚上遷徙。

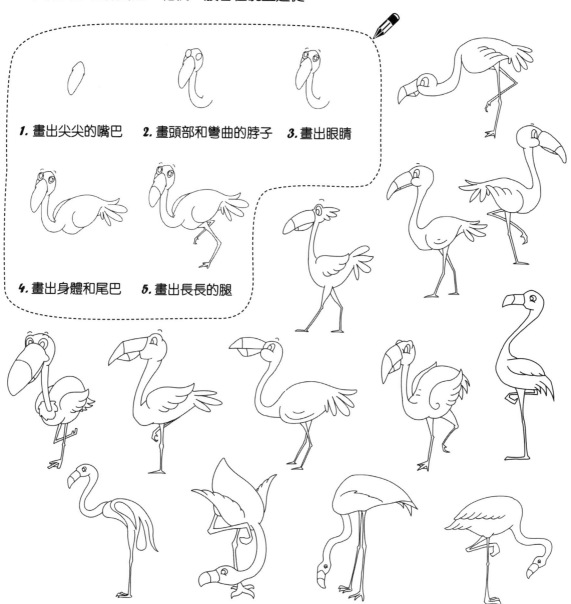

1. 畫出尖尖的嘴巴　　2. 畫頭部和彎曲的脖子　　3. 畫出眼睛

4. 畫出身體和尾巴　　5. 畫出長長的腿

雞

雞是人類飼養的最普遍的家禽，是十二生肖之一。

1. 畫出身體　　*2.* 畫出雞冠和嘴巴　　*3.* 畫出五官和爪子　　*4.* 畫出尾巴和翅膀

啄木鳥

啄木鳥有長而堅硬的嘴巴，舌頭的長短能變化，被人們譽為「森林醫生」。

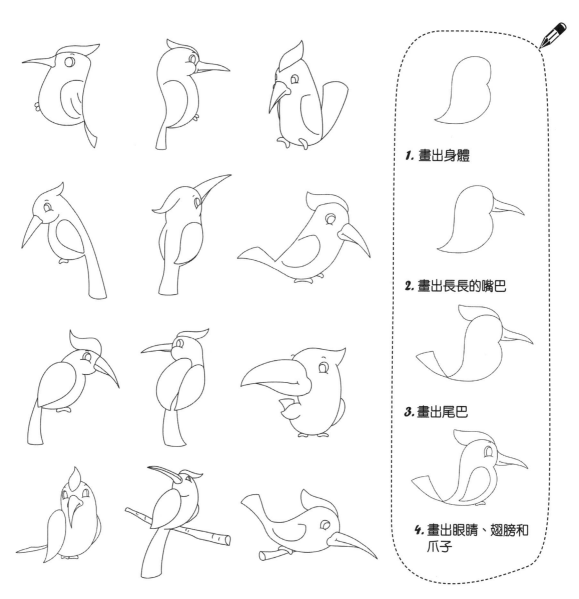

1. 畫出身體

2. 畫出長長的嘴巴

3. 畫出尾巴

4. 畫出眼睛、翅膀和爪子

劍魚

劍魚長矛似的上顎主要是用來劈水的，牠們的上顎十分堅硬，能夠刺穿船底。

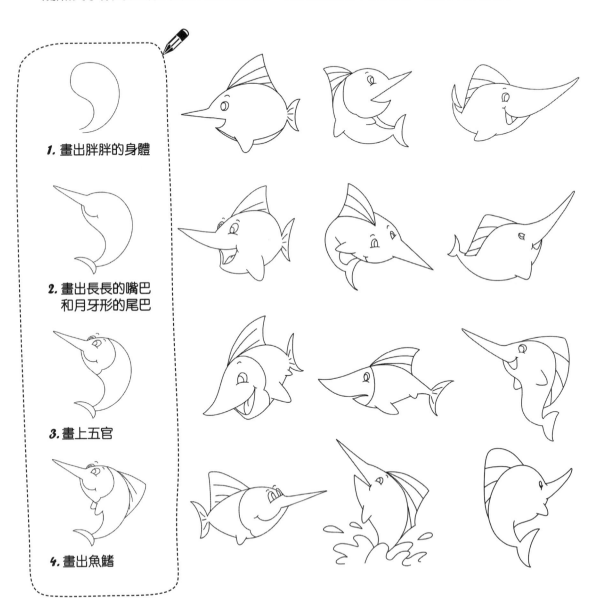

1. 畫出胖胖的身體

2. 畫出長長的嘴巴
   和月牙形的尾巴

3. 畫上五官

4. 畫出魚鰭

金魚

金魚是中國特有的觀賞魚，牠們色彩絢麗，身姿奇異，有橙色、紅色、藍色、紫色、銀白色等顏色。

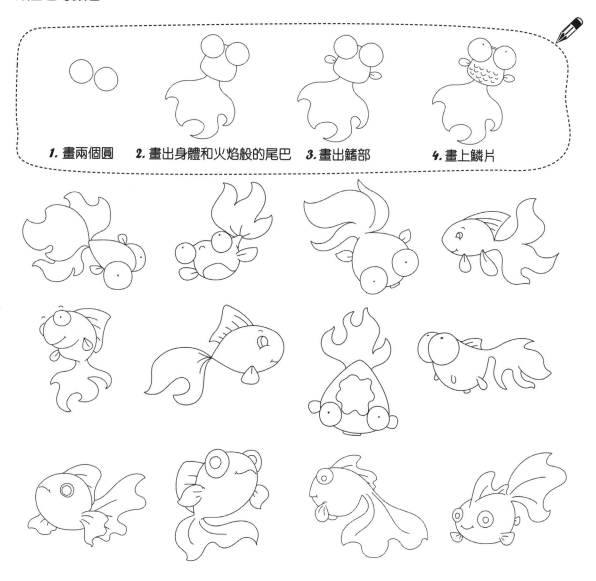

1. 畫兩個圓　2. 畫出身體和火焰般的尾巴　3. 畫出鰭部　　4. 畫上鱗片

鯨

鯨雖生活在海洋裡，但牠們並不是魚類，而是哺乳動物。

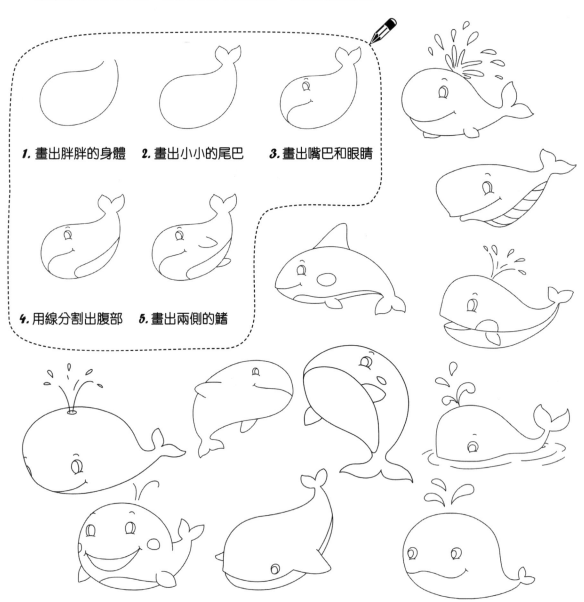

1. 畫出胖胖的身體　2. 畫出小小的尾巴　3. 畫出嘴巴和眼睛

4. 用線分割出腹部　5. 畫出兩側的鰭

樹熊

樹熊是澳洲的特有物種，牠們體態憨厚，性情溫順。

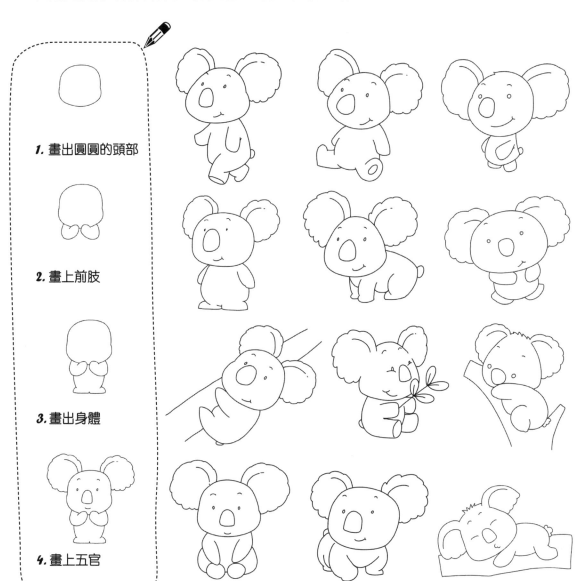

1. **畫出圓圓的頭部**

2. **畫上前肢**

3. **畫出身體**

4. **畫上五官**

孔雀

孔雀有長長的尾巴，開屏時十分美麗。

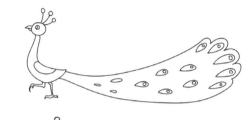

1. 畫出嘴巴、頭部和翎毛

2. 畫出眼睛，進一步描繪翎毛

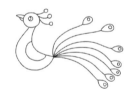

3. 畫出身體

4. 畫出尾巴

5. 畫出腿和爪子

恐龍

恐龍是已經滅絕的脊椎動物，人們只能從自然界留存的化石中瞭解牠們。

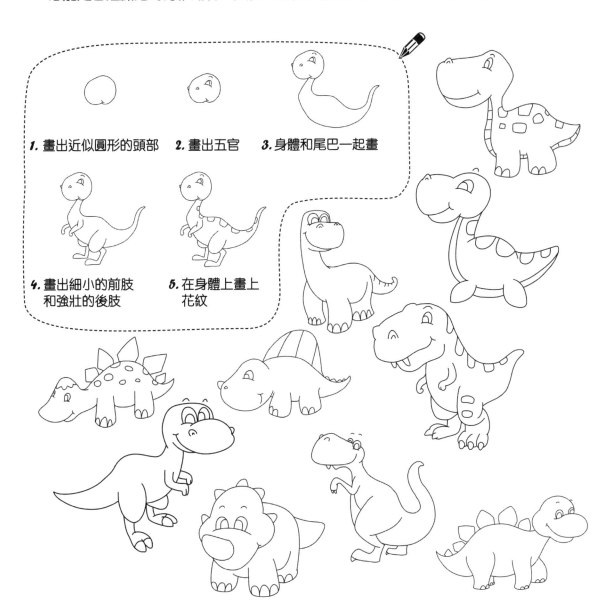

1. 畫出近似圓形的頭部

2. 畫出五官

3. 身體和尾巴一起畫

4. 畫出細小的前肢和強壯的後肢

5. 在身體上畫上花紋

狼

狼適應環境的能力強，既耐熱又耐寒，牠們的耳朵始終豎立，不向下彎曲。

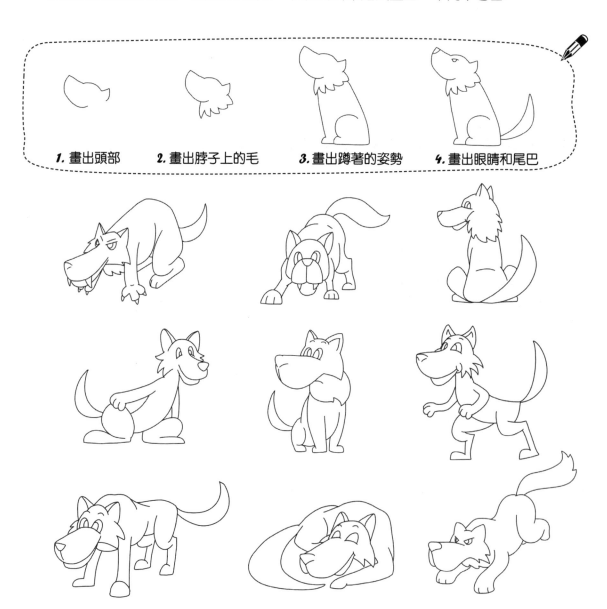

1. 畫出頭部　　**2.** 畫出脖子上的毛　　**3.** 畫出蹲著的姿勢　　**4.** 畫出眼睛和尾巴

老虎

老虎是「萬獸之王」，其顯著的特徵是腦袋上的「王」字。

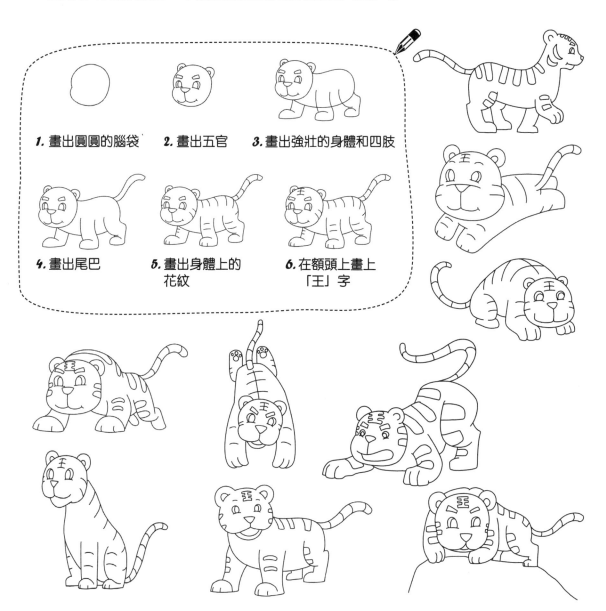

1. 畫出圓圓的腦袋　　2. 畫出五官　　3. 畫出強壯的身體和四肢

4. 畫出尾巴　　5. 畫出身體上的花紋　　6. 在額頭上畫上「王」字

老鼠

老鼠的生命力強，數量多且繁殖快，幾乎在世界各國均有分佈。

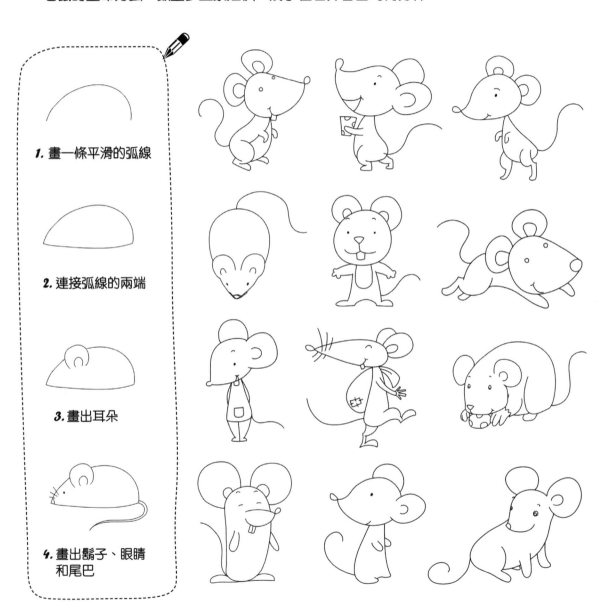

1. 畫一條平滑的弧線

2. 連接弧線的兩端

3. 畫出耳朵

4. 畫出鬍子、眼睛和尾巴

老鷹

老鷹是一種兇猛的鳥類，是食肉性動物。

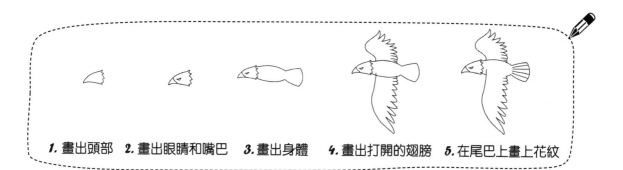

1. 畫出頭部　　2. 畫出眼睛和嘴巴　　3. 畫出身體　　4. 畫出打開的翅膀　　5. 在尾巴上畫上花紋

鹿

鹿有細長的四肢和短小的尾巴，牠們是吉祥和長壽的象徵。

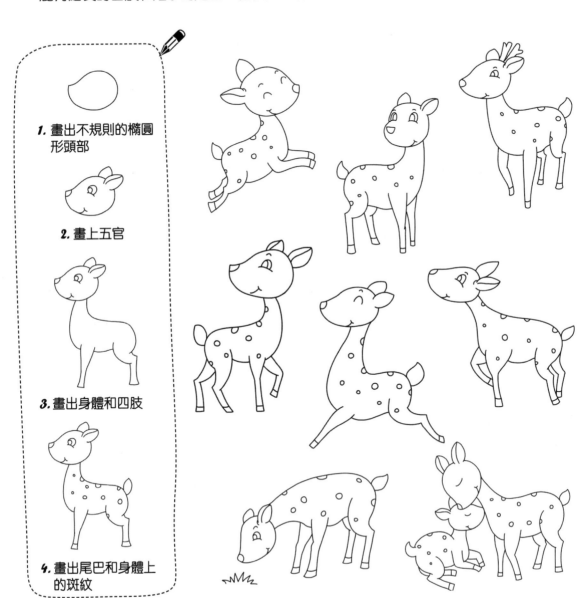

1. 畫出不規則的橢圓形頭部

2. 畫上五官

3. 畫出身體和四肢

4. 畫出尾巴和身體上的斑紋

駱駝

駱駝背上有兩個突出的駝峰，有「沙漠之舟」的美譽。

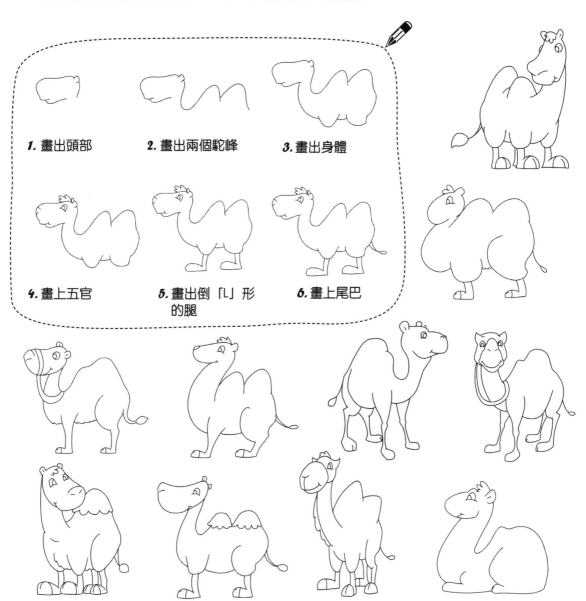

1. 畫出頭部

2. 畫出兩個駝峰

3. 畫出身體

4. 畫上五官

5. 畫出倒「L」形的腿

6. 畫上尾巴

麻雀

麻雀多將窩築在屋簷下，叫起來嘰嘰喳喳。

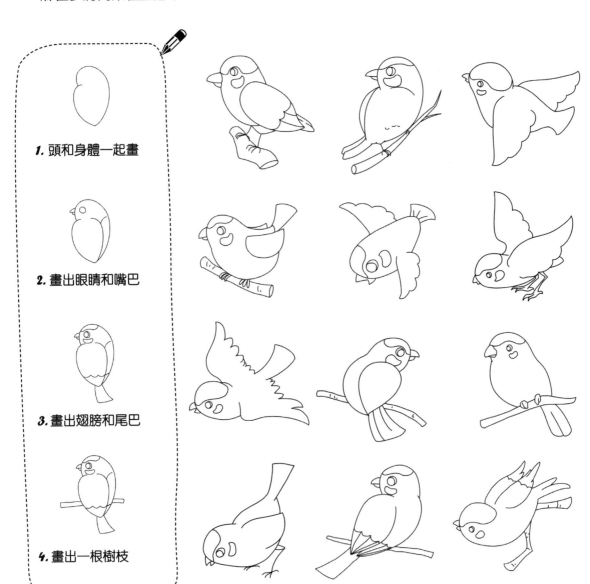

1. 頭和身體一起畫

2. 畫出眼睛和嘴巴

3. 畫出翅膀和尾巴

4. 畫出一根樹枝

馬

馬主要以草為食，牠們的聽覺和嗅覺靈敏，感光力強。在夜間也能看到周圍的物體。

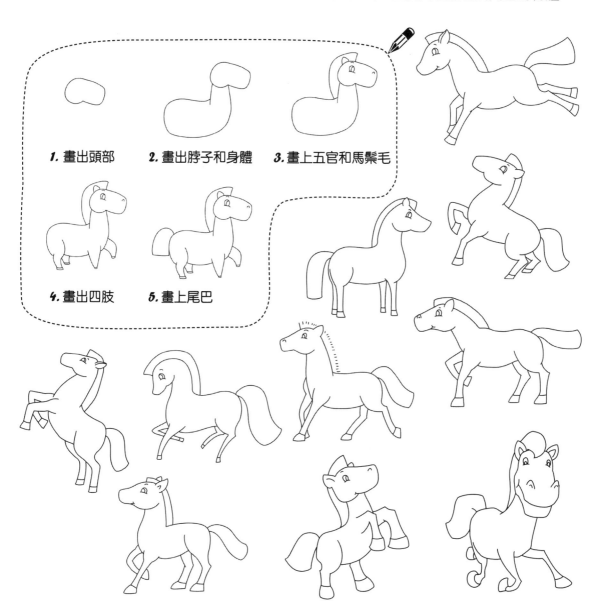

1. 畫出頭部

2. 畫出脖子和身體

3. 畫上五官和馬鬃毛

4. 畫出四肢

5. 畫上尾巴

蝗蟲

蝗蟲有適合跳躍的發達後肢，是一種對農作物有害的昆蟲。

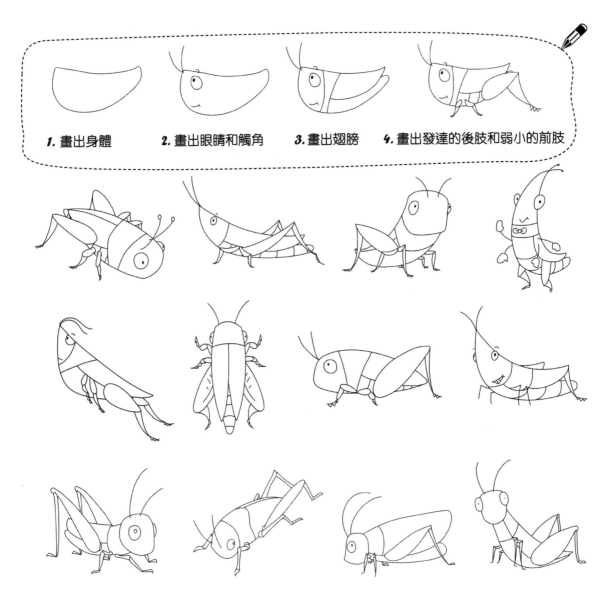

1. 畫出身體　　2. 畫出眼睛和觸角　　3. 畫出翅膀　　4. 畫出發達的後肢和弱小的前肢

小貓

可愛的小貓喜歡吃魚，還能捕捉狡猾的老鼠。

1. 畫出圓圓的腦袋

2. 畫上五官和鬍子

3. 畫出奔跑的姿勢

4. 畫出長長的尾巴

貓頭鷹

貓頭鷹有貓一樣的面部，牠們多在夜晚活動。

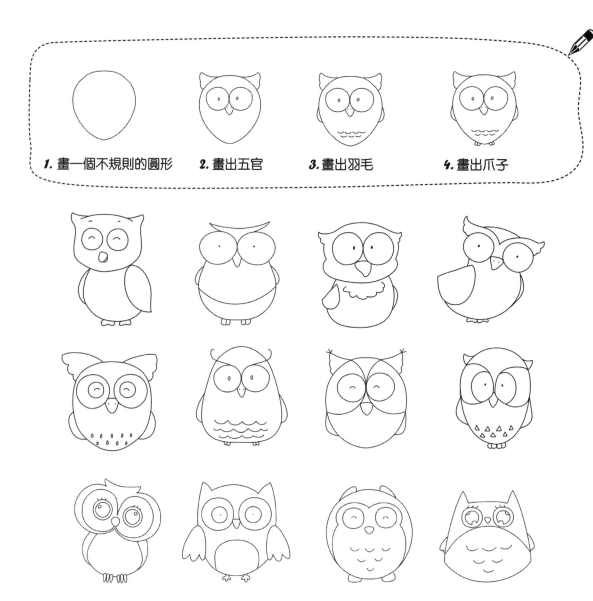

1. 畫一個不規則的圓形　　2. 畫出五官　　3. 畫出羽毛　　4. 畫出爪子

毛毛蟲

毛毛蟲是鱗翅目昆蟲的幼蟲，多在春天和夏天出現，有柔軟的身體和美麗的色彩。

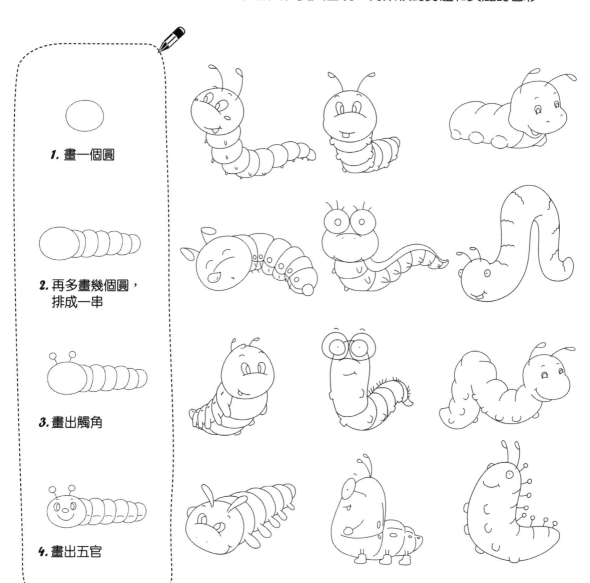

1. 畫一個圓

2. 再多畫幾個圓，排成一串

3. 畫出觸角

4. 畫出五官

蜜蜂

蜜蜂以採集花粉和釀造蜂蜜為生，其身為傳粉者的價值遠比釀造蜂蜜的價值更大。

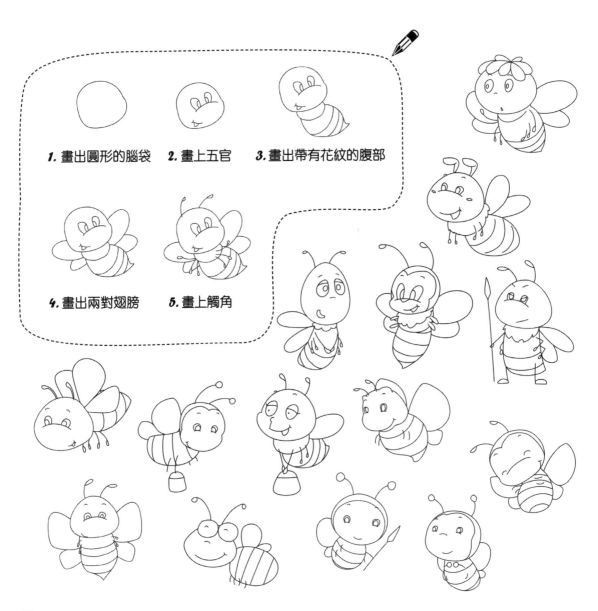

1. 畫出圓形的腦袋　　2. 畫上五官　　3. 畫出帶有花紋的腹部

4. 畫出兩對翅膀　　5. 畫上觸角

牛

牛是草食性哺乳動物，體型粗壯，頭部較小。公牛的頭部一般長有一對角。

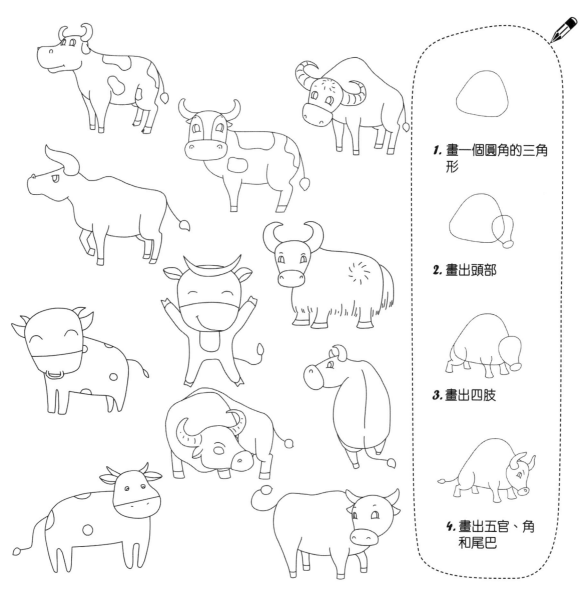

1. 畫一個圓角的三角形

2. 畫出頭部

3. 畫出四肢

4. 畫出五官、角和尾巴

螃蟹

螃蟹是橫著走路、靠鰓呼吸的甲殼動物。

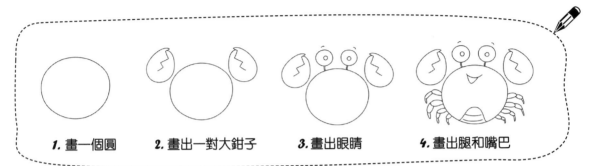

1. 畫一個圓　　2. 畫出一對大鉗子　　3. 畫出眼睛　　4. 畫出腿和嘴巴

七星瓢蟲

七星瓢蟲有卵圓形的身體，牠們的背部光滑無毛，常呈水瓢狀拱起，因其背上有七個斑點而得名。

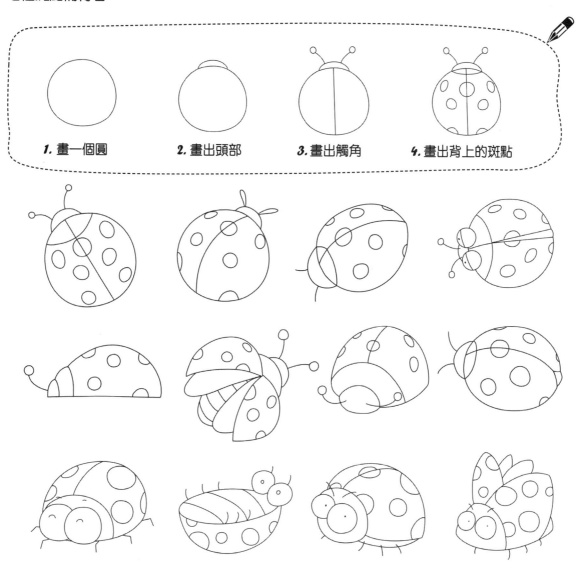

1. 畫一個圓　　2. 畫出頭部　　3. 畫出觸角　　4. 畫出背上的斑點

青蛙

青蛙能捕捉農田裡面的害蟲，是一種對人類有益的兩棲動物。

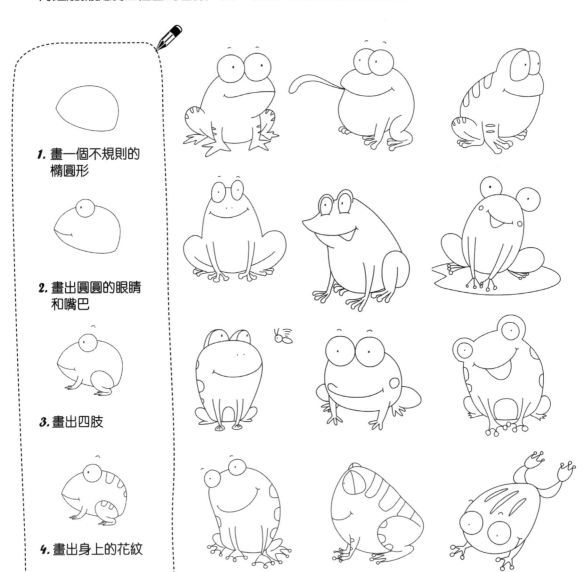

1. 畫一個不規則的橢圓形

2. 畫出圓圓的眼睛和嘴巴

3. 畫出四肢

4. 畫出身上的花紋

蜻蜓

蜻蜓有又大又圓的眼睛，能夠清楚地看到自己四周的環境。

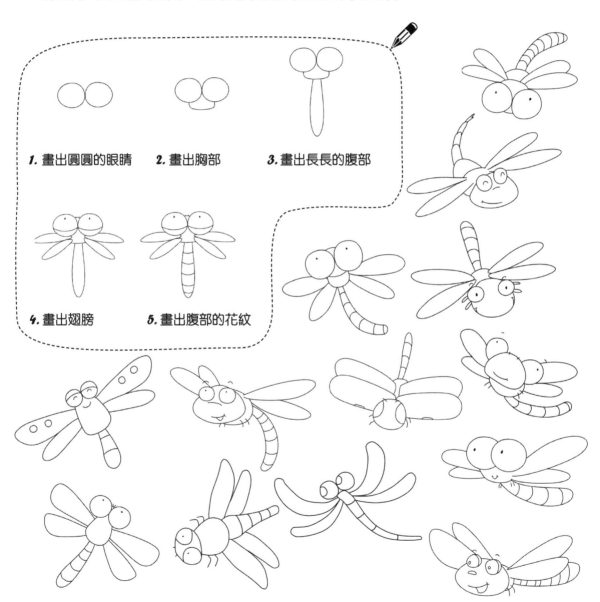

1. 畫出圓圓的眼睛

2. 畫出胸部

3. 畫出長長的腹部

4. 畫出翅膀

5. 畫出腹部的花紋

犰狳

犰狳的身上有堅硬的骨質甲，遇危險時能夠團成球把自己保護起來。

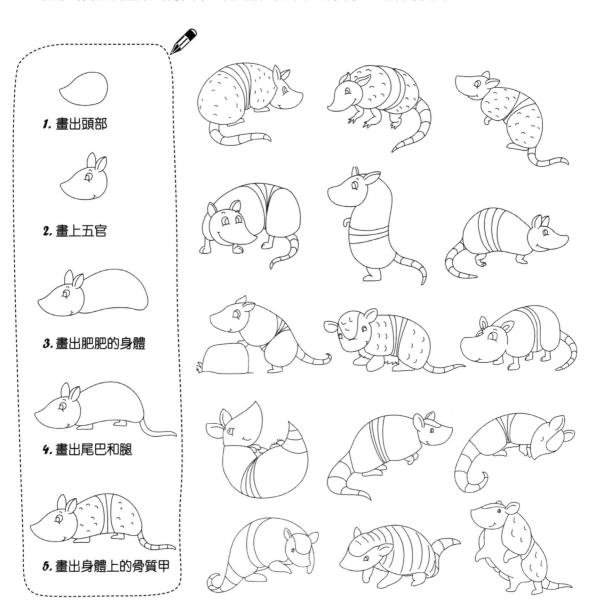

1. 畫出頭部

2. 畫上五官

3. 畫出肥肥的身體

4. 畫出尾巴和腿

5. 畫出身體上的骨質甲

蛇

　　蛇是四肢退化、身體細長的脊椎動物。牠們的尾部較細，主要靠肚皮和地面的摩擦來消化食物。

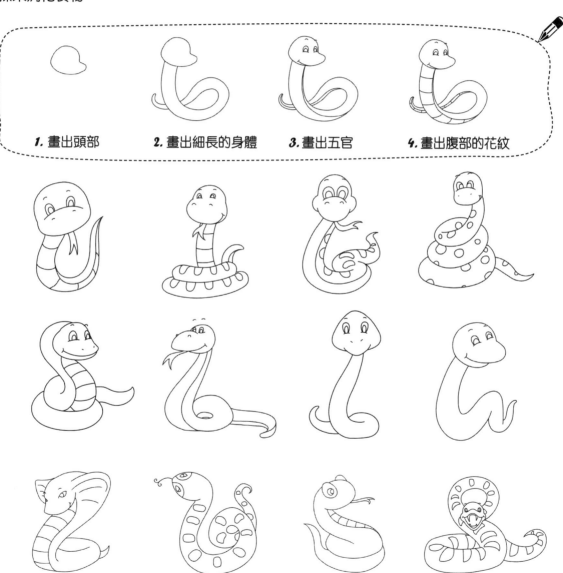

1. 畫出頭部　　　2. 畫出細長的身體　　　3. 畫出五官　　　4. 畫出腹部的花紋

深海魚

生活在黑暗和寒冷環境中的深海魚，牠們的身體帶有發光器。

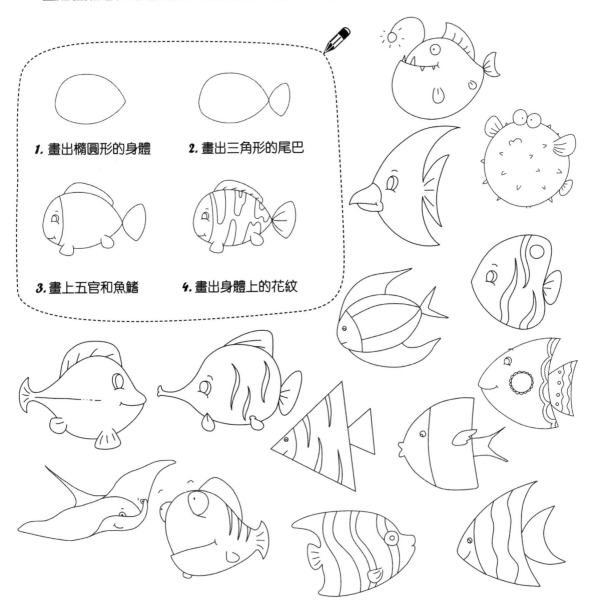

1. 畫出橢圓形的身體

2. 畫出三角形的尾巴

3. 畫上五官和魚鰭

4. 畫出身體上的花紋

獅子

作為「森林之王」的獅子，體型較大，攻擊力強。

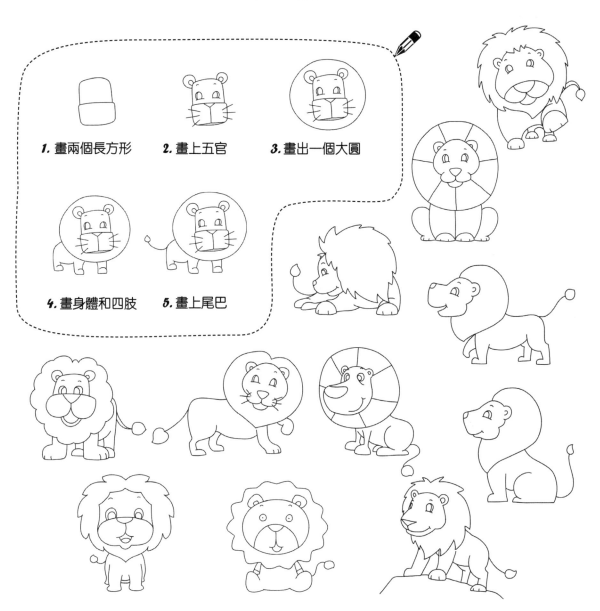

1. 畫兩個長方形

2. 畫上五官

3. 畫出一個大圓

4. 畫身體和四肢

5. 畫上尾巴

水母

水母是一種獨特的浮游生物，牠們身體的主要成分是水，身體的外形就像是一把散開的傘，邊緣有鬚狀的觸手。

1. 畫出一個向內凹的三角形

2. 畫出中間的膠層

3. 畫出鬚狀的觸手

4. 畫上花紋

松鼠

松鼠是一種以果子和松仁為食物的草食性動物，有毛茸茸的長尾巴。

1. 畫一個不規則的橢圓　　2. 畫出五官　　3. 畫出身體和四肢　　4. 畫出尾巴

螳螂

螳螂有鋒利的「大刀」，是飛蝗等多種農作物害蟲的天敵。

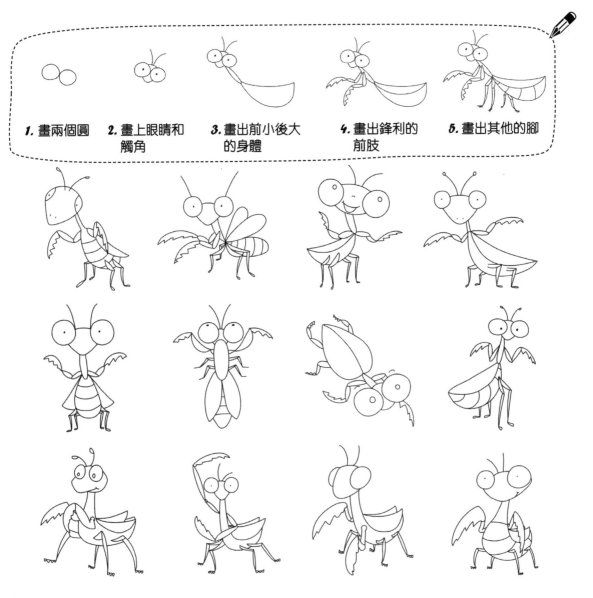

1. 畫兩個圓
2. 畫上眼睛和觸角
3. 畫出前小後大的身體
4. 畫出鋒利的前肢
5. 畫出其他的腳

鵜鶘

鵜鶘的嘴巴下有一個大囊袋，牠們擅長游泳和捕魚。

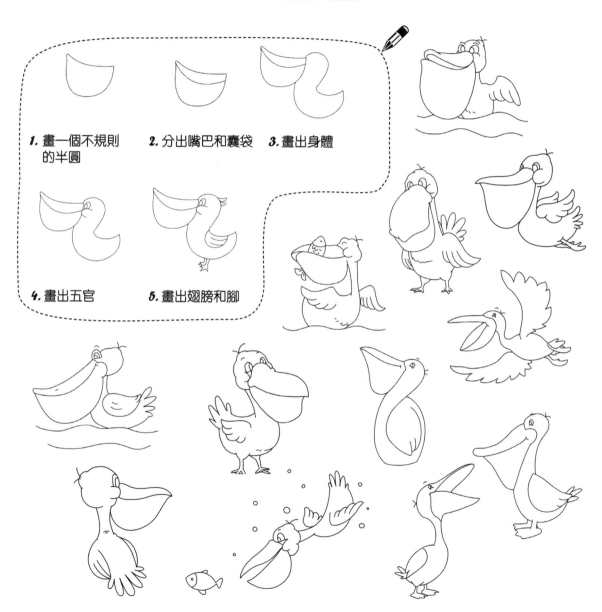

1. 畫一個不規則的半圓

2. 分出嘴巴和囊袋

3. 畫出身體

4. 畫出五官

5. 畫出翅膀和腳

天鵝

天鵝有優雅的頸部，多群居在沼澤或湖泊。

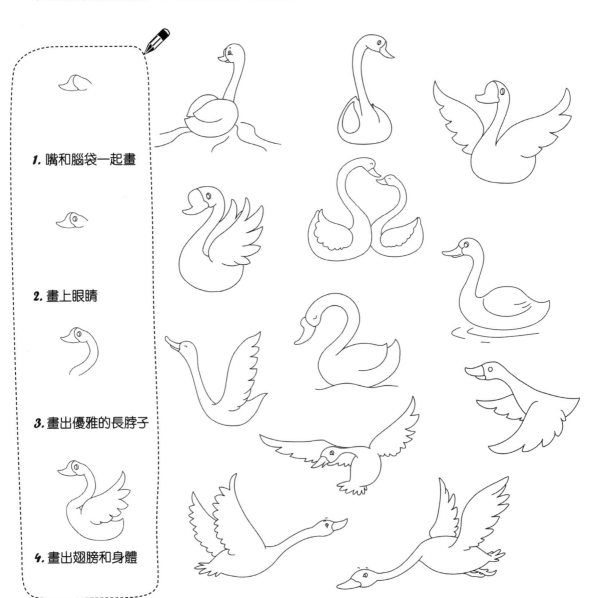

1. 嘴和腦袋一起畫

2. 畫上眼睛

3. 畫出優雅的長脖子

4. 畫出翅膀和身體

小兔子

可愛的小兔子蹦蹦跳跳，牠們最喜歡的食物是紅蘿蔔。

1. 畫一個圓角正方形

2. 畫上長長的耳朵

3. 畫上五官

4. 畫出身體和四肢

5. 給衣服加上花紋

鴕鳥

鴕鳥是一種不會飛的鳥類，牠們有細長的腿，善於奔跑。

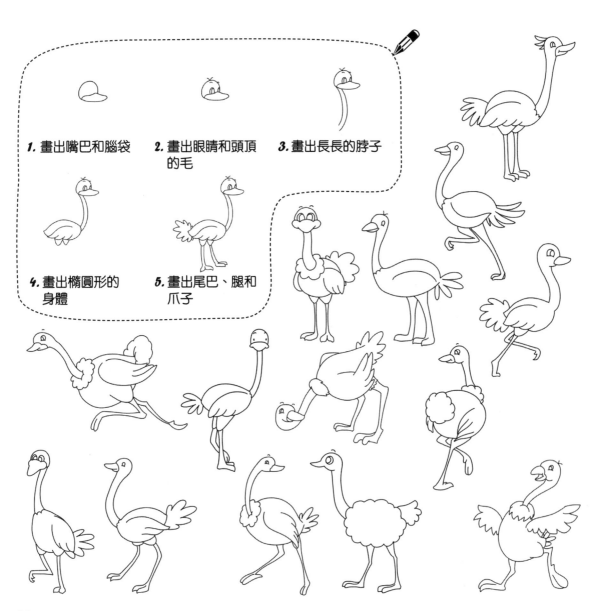

1. 畫出嘴巴和腦袋

2. 畫出眼睛和頭頂的毛

3. 畫出長長的脖子

4. 畫出橢圓形的身體

5. 畫出尾巴、腿和爪子

蝸牛

蝸牛是一種有很高食用和藥用價值的軟體動物，有可變長變短的觸角和堅硬的殼。

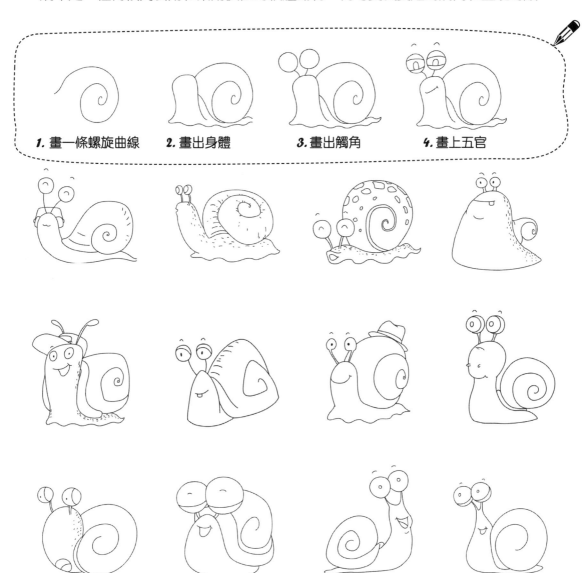

1. 畫一條螺旋曲線　　2. 畫出身體　　3. 畫出觸角　　4. 畫上五官

烏龜

堅硬的龜殼，短小而又粗壯的四肢，是烏龜的顯著特徵。

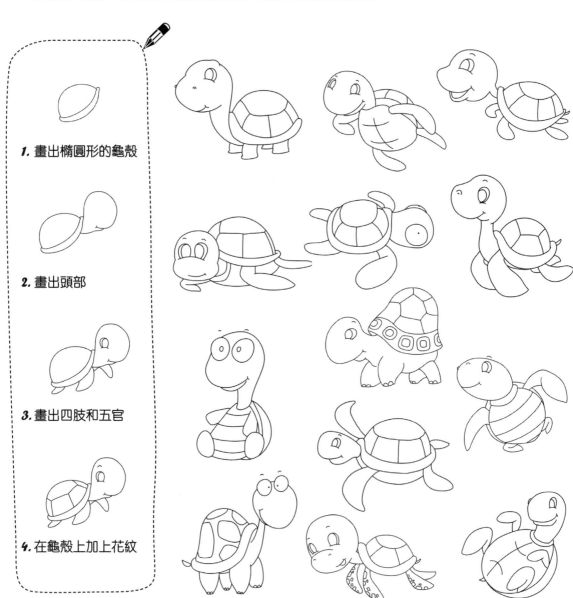

1. 畫出橢圓形的龜殼

2. 畫出頭部

3. 畫出四肢和五官

4. 在龜殼上加上花紋

蜥蜴

蜥蜴是一種能隨著外部環境的變化而改變自己身體顏色的動物。

1. 畫出頭部
2. 畫出眼睛和嘴巴
3. 畫出拖著長尾巴的身體
4. 畫出四肢
5. 畫出身體上的花紋

蝦

蝦是一種水生動物，牠們的身體彎曲成弓狀。

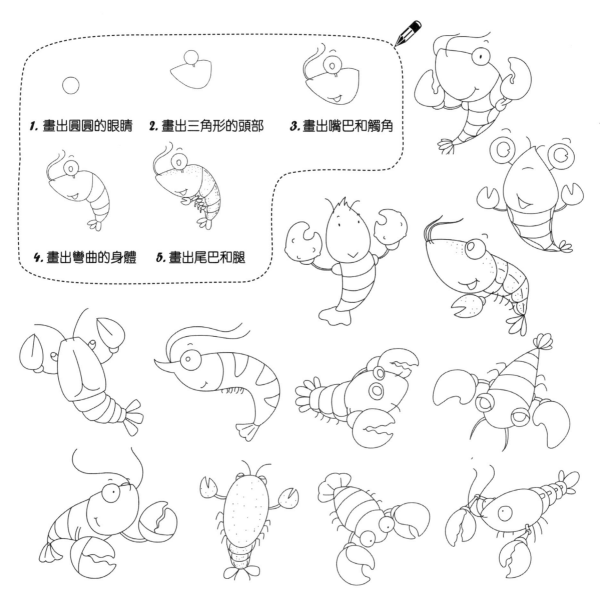

1. 畫出圓圓的眼睛　　2. 畫出三角形的頭部　　3. 畫出嘴巴和觸角

4. 畫出彎曲的身體　　5. 畫出尾巴和腿

小豬

小豬憨態可掬、四肢較短，牠們繁殖快，適應環境的能力強。

1. 畫出圓圓的腦袋　　2. 畫出五官　　3. 畫出胖胖的身體和四肢　　4. 畫出尾巴

猩猩

猩猩是一種較為聰明的動物，與猴子的不同之處在於牠沒有尾巴。

1. 畫一個橢圓形和一個彎月形

2. 畫出五官

3. 畫出前肢

4. 畫出身體和後肢

熊

憨態可掬的熊在平日裡十分溫順，可是一旦被激怒則非常兇狠。

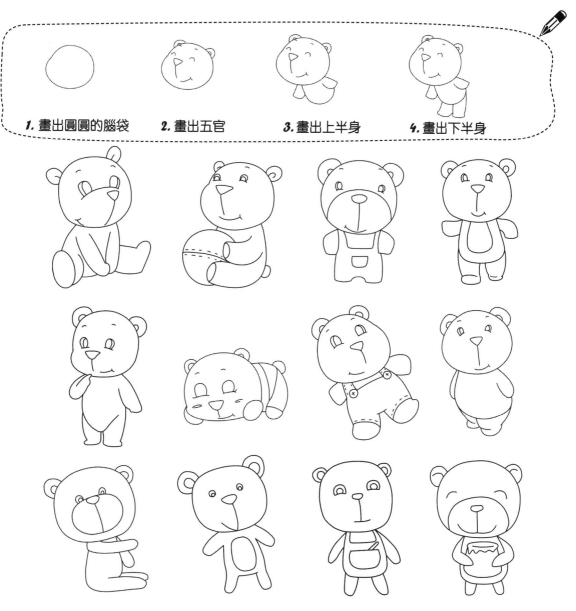

1. 畫出圓圓的腦袋　　2. 畫出五官　　3. 畫出上半身　　4. 畫出下半身

熊貓

作為國寶的熊貓最獨特的是牠那大大的黑眼圈和胖胖的身體，牠們最喜愛的食物是竹子。

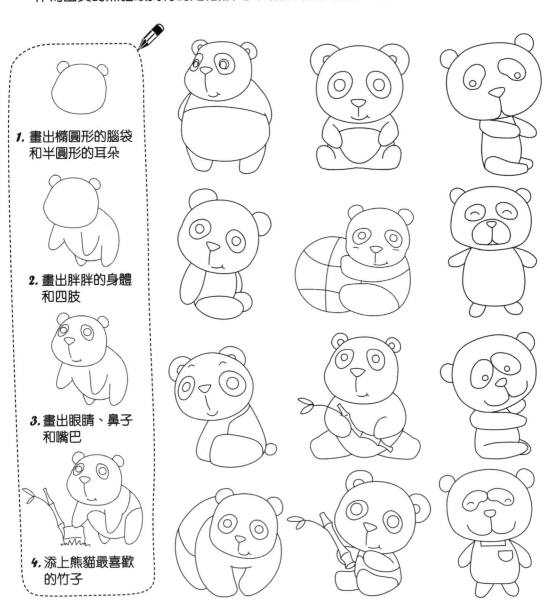

1. 畫出橢圓形的腦袋和半圓形的耳朵

2. 畫出胖胖的身體和四肢

3. 畫出眼睛、鼻子和嘴巴

4. 添上熊貓最喜歡的竹子

鴨子

可愛的小鴨子有著扁扁的嘴巴和一搖一晃的圓圓身子。

1. 畫出腦袋　　*2.* 畫出扁扁的嘴巴　　*3.* 畫上眼睛

4. 畫出身體　　*5.* 畫出翅膀和腳

燕子

燕子多以蚊、蠅等為食,能在空中捕捉害蟲,是典型的益鳥。

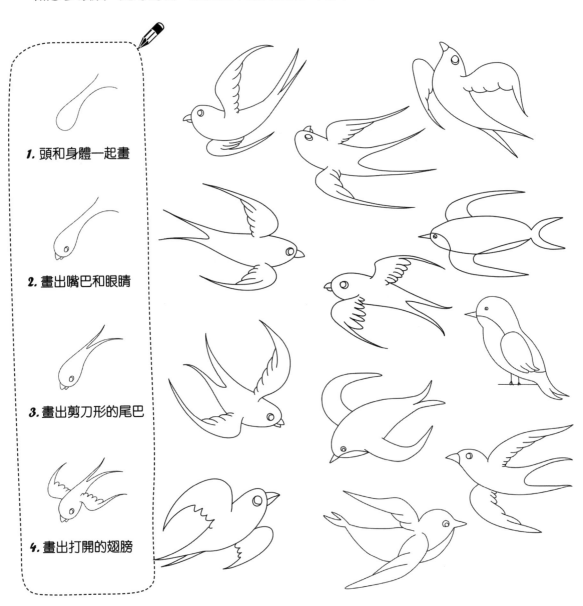

1. 頭和身體一起畫

2. 畫出嘴巴和眼睛

3. 畫出剪刀形的尾巴

4. 畫出打開的翅膀

羊

羊的種類多樣，主要有山羊和綿羊。

1. 畫出頭部

2. 畫出五官和羊角

3. 畫出身體

4. 畫出跳躍的姿勢

5. 畫出尾巴

羊駝

羊駝是一種外形像綿羊的伶俐而溫順的動物，牠們的脖子較長。

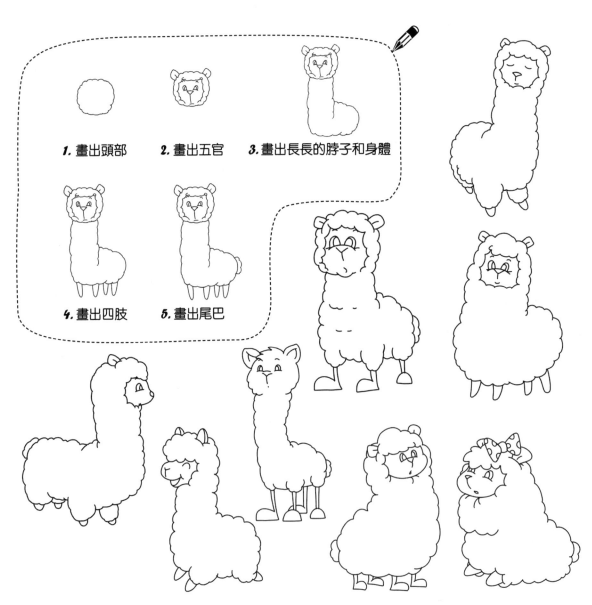

1. 畫出頭部
2. 畫出五官
3. 畫出長長的脖子和身體
4. 畫出四肢
5. 畫出尾巴

鸚鵡

鸚鵡的耐熱能力較強，是一種叫聲婉轉清亮的動物。

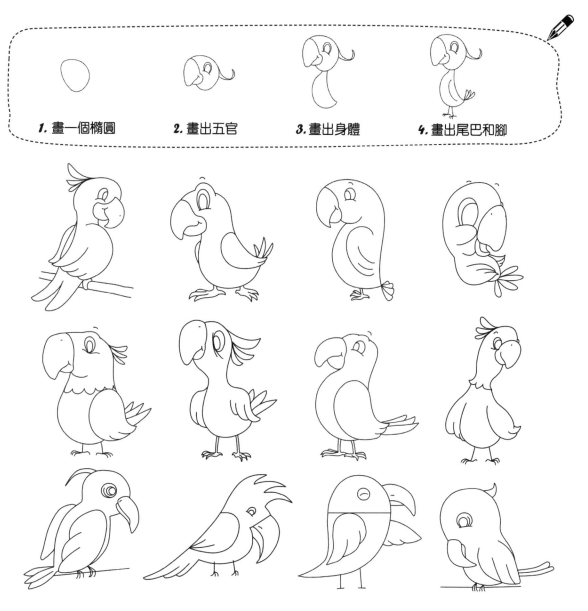

1. 畫一個橢圓　　　2. 畫出五官　　　3. 畫出身體　　　4. 畫出尾巴和腳

長頸鹿

長頸鹿以樹葉為食，長長的脖子使得牠們成為世界上現存的最高陸生動物。牠們頭上有角，身體上有花紋。

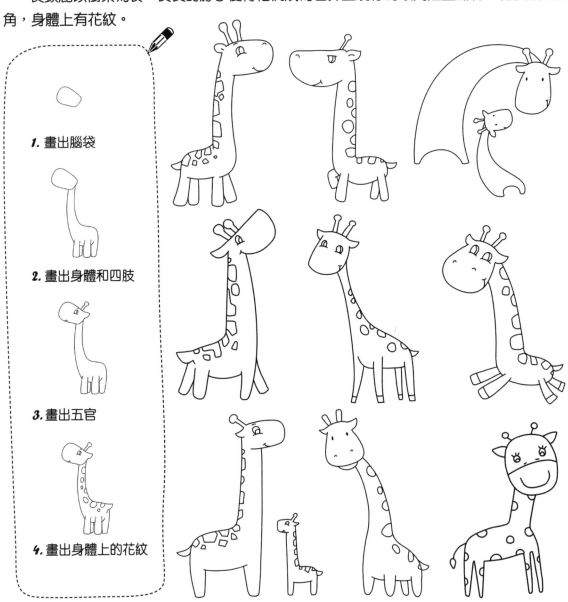

1. 畫出腦袋

2. 畫出身體和四肢

3. 畫出五官

4. 畫出身體上的花紋

第三章
人物

高大威嚴的爸爸，嚴肅認真的醫生，
活潑可愛的女孩兒，成熟穩重的青年……
拿起畫筆，簡單勾勒，
就能描繪出形形色色的人物。

爸爸

有時嚴厲有時溫柔的爸爸是我心中的一座山。

1. 畫出 U 形臉

2. 畫出五官和弧形的頭髮

3. 畫出衣服和手

4. 畫出下半身和腳

5. 畫出手提包

媽媽

溫柔的媽媽撫慰受傷的我們，給我們一個溫暖舒適的家。

1. 畫出「U」形臉

2. 畫上頭髮和五官

3. 畫出裙子、胳膊和手

4. 畫出腿和腳

爺爺

爺爺的鬍子白了，額頭上佈滿了皺紋。

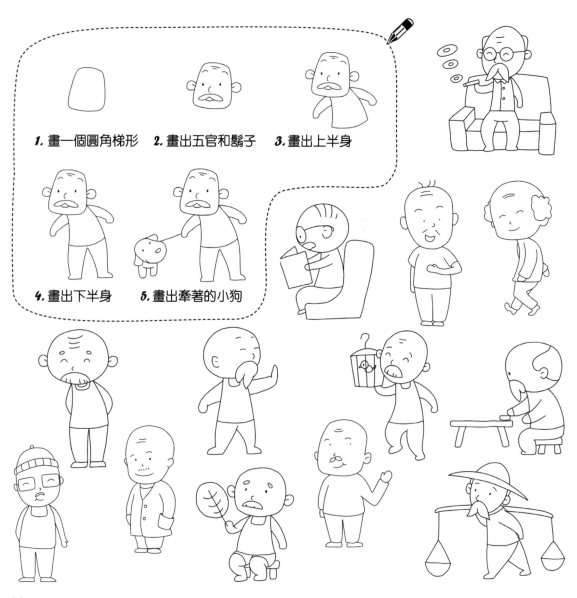

1. 畫一個圓角梯形　　2. 畫出五官和鬍子　　3. 畫出上半身

4. 畫出下半身　　5. 畫出牽著的小狗

奶奶

慈祥的奶奶，笑起來的時候，臉上的皺紋就像是盛開的菊花。

1. 畫一個橢圓臉型　2. 畫上頭髮　3. 畫出五官

4. 畫出上半身　5. 畫出下半身

老師

老師被譽為「園丁」，他們的職責是教書育人。

1. 畫出「U」形臉

2. 畫上頭髮，用短折線畫出劉海

3. 畫上五官

4. 畫出上半身

5. 畫出下半身

6. 畫出手上的教鞭

醫生

身穿白大褂的醫生，職責是救死扶傷。

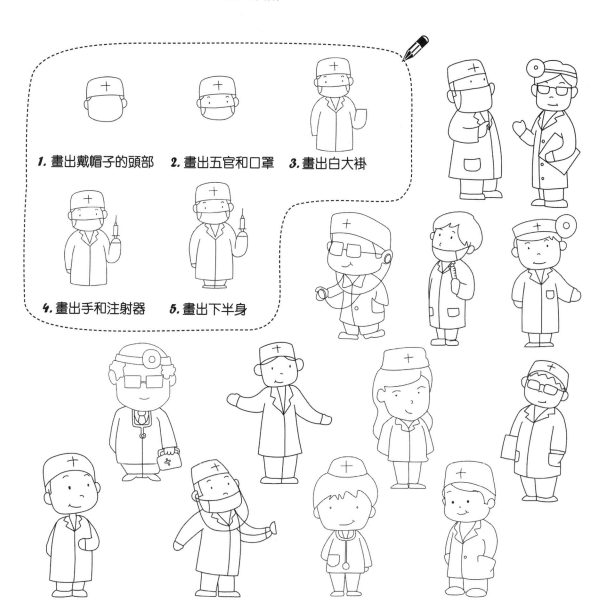

1. 畫出戴帽子的頭部　2. 畫出五官和口罩　3. 畫出白大褂

4. 畫出手和注射器　5. 畫出下半身

護士

護士被人們稱為「白衣天使」，協助醫生做好對病人及其家屬的諮詢和治療工作。

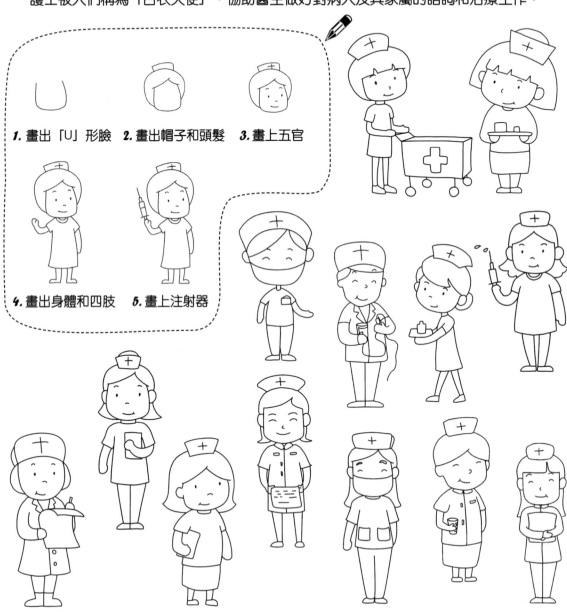

1. 畫出「U」形臉　2. 畫出帽子和頭髮　3. 畫上五官

4. 畫出身體和四肢　5. 畫上注射器

飛行員

飛行員主要是指駕駛航空器比如飛機的一類人。

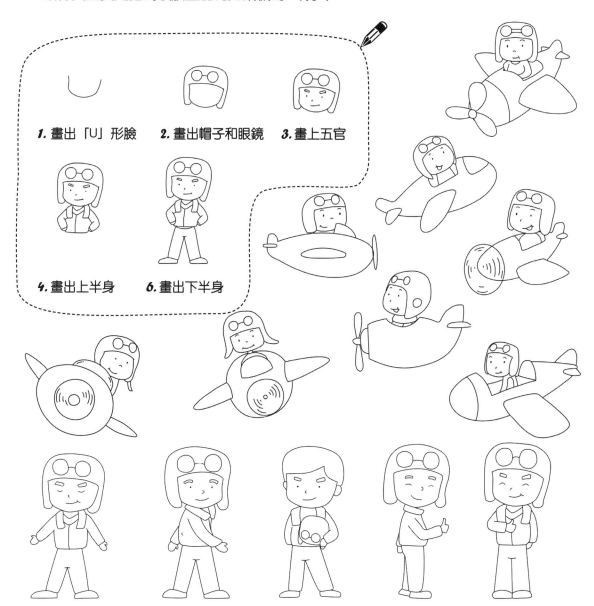

1. 畫出「U」形臉
2. 畫出帽子和眼鏡
3. 畫上五官
4. 畫出上半身
6. 畫出下半身

畫家

畫家的形象總是伴隨著畫板和畫筆出現的。

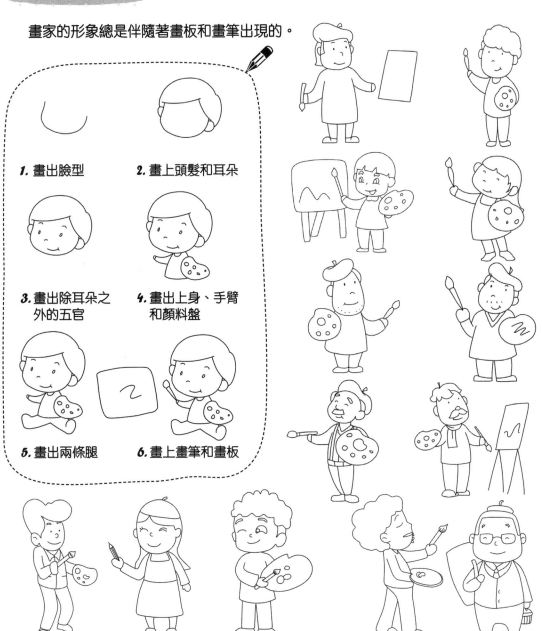

1. 畫出臉型

2. 畫上頭髮和耳朵

3. 畫出除耳朵之外的五官

4. 畫出上身、手臂和顏料盤

5. 畫出兩條腿

6. 畫上畫筆和畫板

警察

警察是維護社會安全的人，他們的制服很有特點。

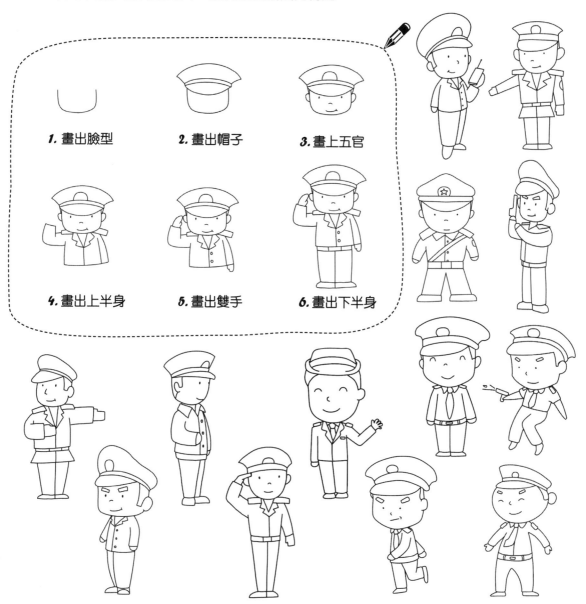

1. 畫出臉型
2. 畫出帽子
3. 畫上五官
4. 畫出上半身
5. 畫出雙手
6. 畫出下半身

男孩

活潑好動的男孩兒，幾乎任何物品都可以成為他們的玩具。

1. 畫出圓圓的腦袋　　2. 畫出五官和頭髮　　3. 畫出身體輪廓　　4. 畫出四肢和領口

女孩

紮著小辮子，穿著花裙子，就是活潑可愛的小女孩兒形象了。

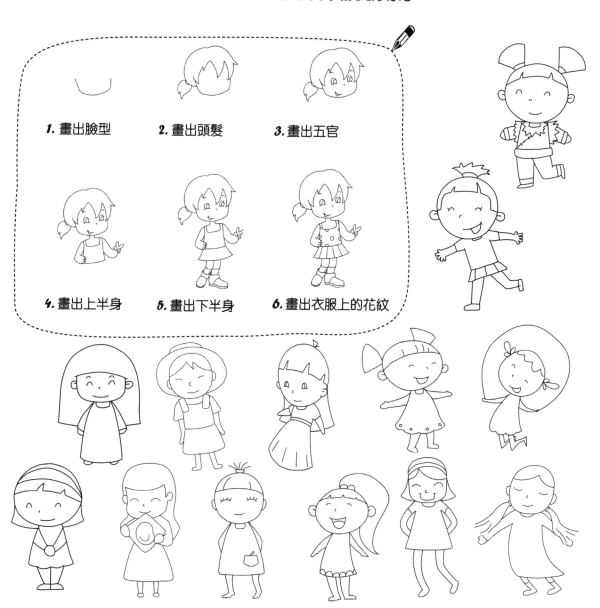

1. 畫出臉型

2. 畫出頭髮

3. 畫出五官

4. 畫出上半身

5. 畫出下半身

6. 畫出衣服上的花紋

男青年

飛揚的頭髮，搭上酷酷的眼鏡，就是神采奕奕的男青年形象。

1. 畫出臉型
2. 畫上頭髮
3. 畫出五官
4. 畫出上半身
5. 畫出站立的姿勢

女青年

或端莊賢淑，或活潑伶俐，或溫婉大方的女青年有著不同的造型。

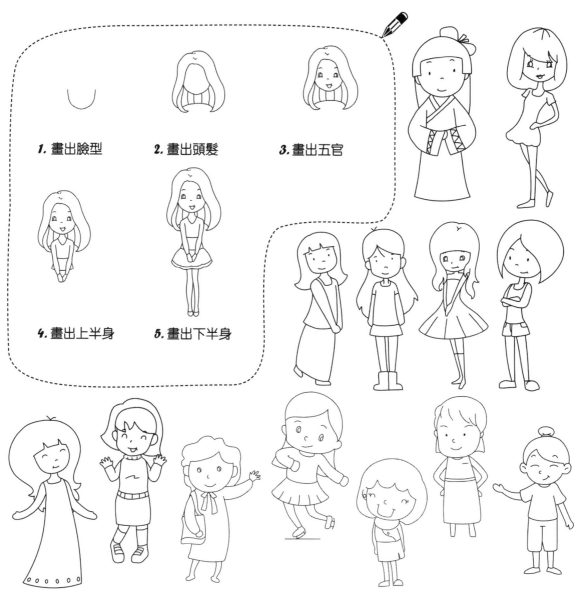

1. 畫出臉型

2. 畫出頭髮

3. 畫出五官

4. 畫出上半身

5. 畫出下半身

卡通人物

換個髮型、換套衣服，就能畫出不同的人物形象。

1. 畫出臉蛋

2. 畫出頭髮

3. 畫出五官

4. 畫出上半身

5. 畫出下半身

6. 畫出頭髮上的蝴蝶結

第四章
食物

營養豐富的蔬菜、酸甜可口的水果、
柔軟好吃的糕點、新鮮爽口的果汁……
還有哪些你喜歡吃的食物呢?
快來一起畫一畫吧!

白菜

　　原產於中國北方的白菜，其消費量居中國各類蔬菜的首位。它有白色的扁闊形莖，綠色的葉子上有許多細白葉脈。

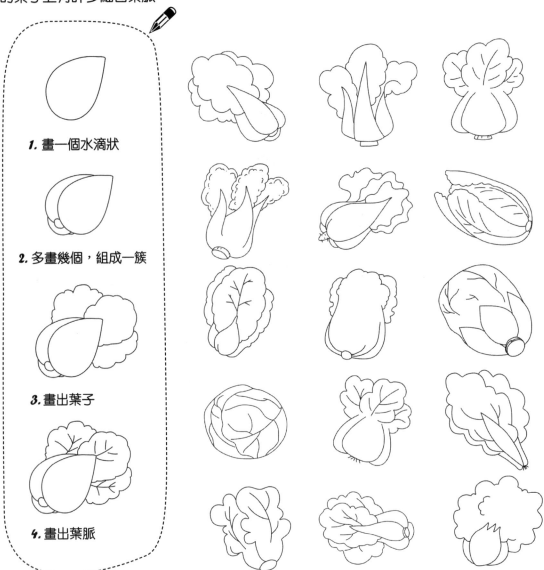

1. 畫一個水滴狀

2. 多畫幾個，組成一簇

3. 畫出葉子

4. 畫出葉脈

荷蘭豆

荷蘭豆的營養價值很高，嫩莢作為主要的食用部位，因其清香爽口而深受人們的喜歡。

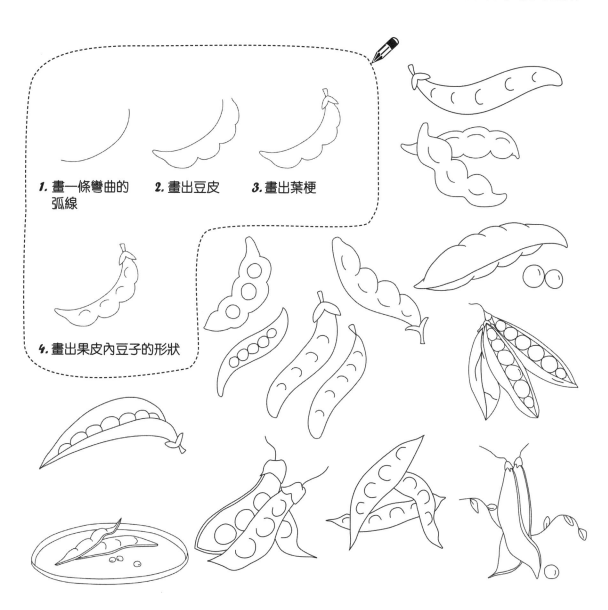

1. 畫一條彎曲的弧線

2. 畫出豆皮

3. 畫出葉梗

4. 畫出果皮內豆子的形狀

青瓜

青瓜一般為長棒狀，果實表面有柔軟的白色小刺。

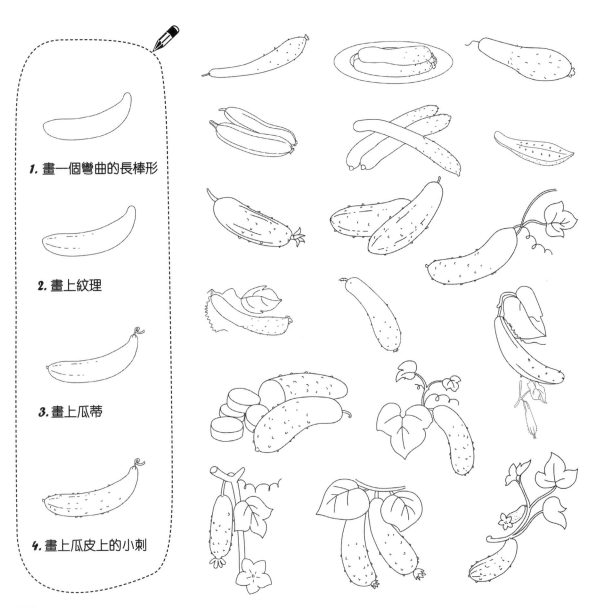

1. 畫一個彎曲的長棒形

2. 畫上紋理

3. 畫上瓜蒂

4. 畫上瓜皮上的小刺

尖椒

尖椒由於外形像牛角而又得名「牛角椒」，在許多地區都是非常重要的調味品。

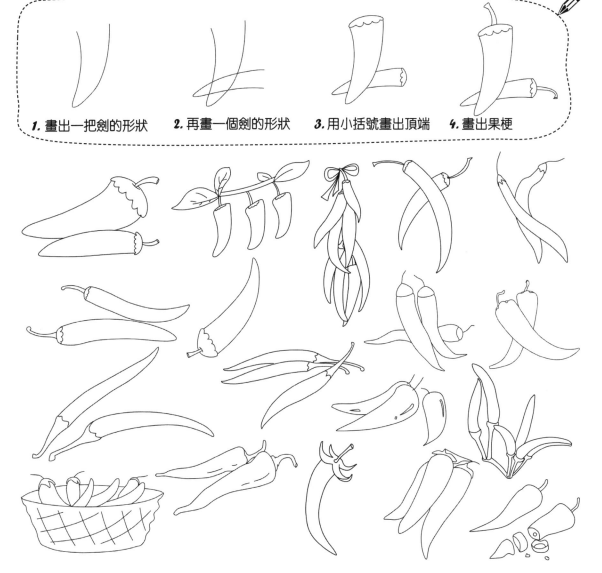

1. 畫出一把劍的形狀　2. 再畫一個劍的形狀　3. 用小括號畫出頂端　4. 畫出果梗

苦瓜

苦瓜有清熱解毒的功效，外形多為長橢圓形，果實表面有不規則的瘤狀突起。

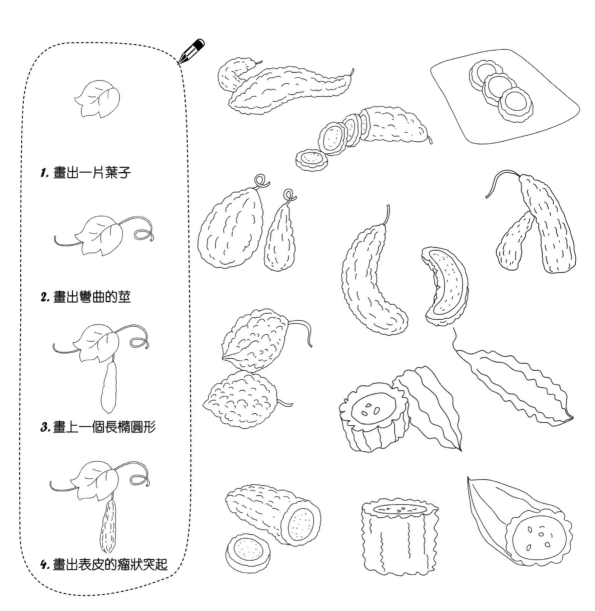

1. 畫出一片葉子

2. 畫出彎曲的莖

3. 畫上一個長橢圓形

4. 畫出表皮的瘤狀突起

蘑菇

可愛的蘑菇在成熟時，就像是一頂頂撐開的小花傘。

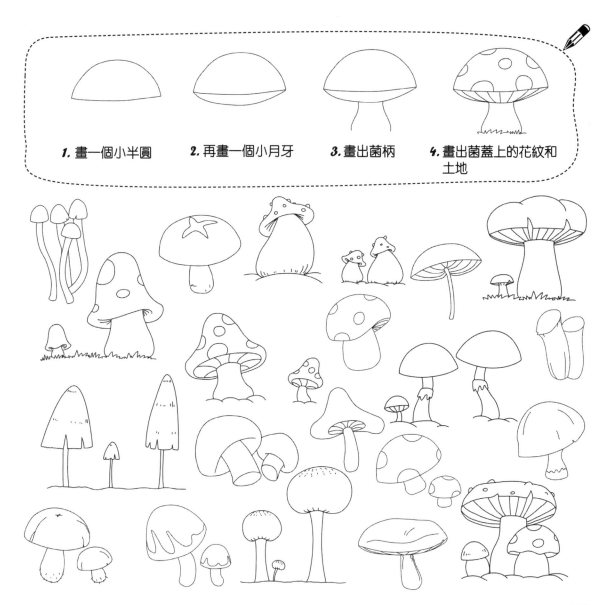

1. 畫一個小半圓

2. 再畫一個小月牙

3. 畫出菌柄

4. 畫出菌蓋上的花紋和土地

南瓜

南瓜可當作糧食食用，也可當作蔬菜食用，還可以作為萬聖節的裝飾品。

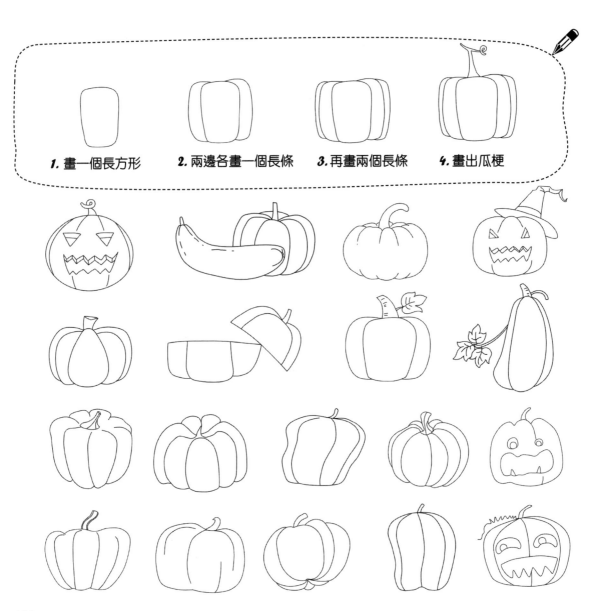

1. 畫一個長方形　2. 兩邊各畫一個長條　3. 再畫兩個長條　4. 畫出瓜梗

蓮藕

蓮藕是一種藥食兩用的食材，涼拌藕片是人們常吃的菜肴。

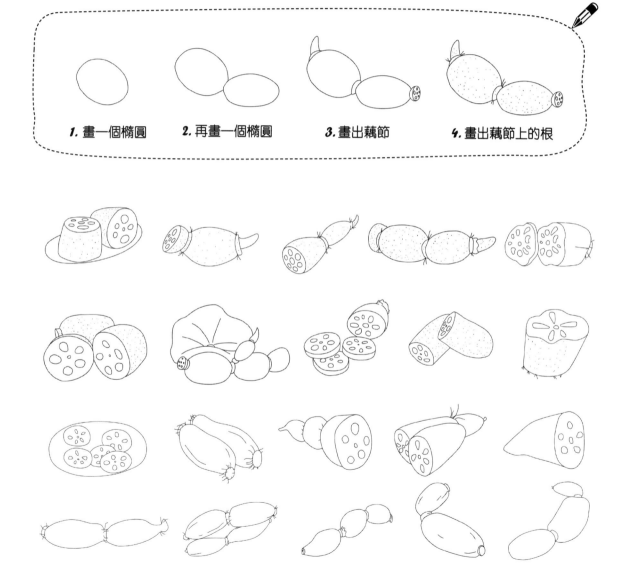

1. 畫一個橢圓
2. 再畫一個橢圓
3. 畫出藕節
4. 畫出藕節上的根

彩椒

彩椒的果實很大，辣味較淡或者幾乎沒有辣味。

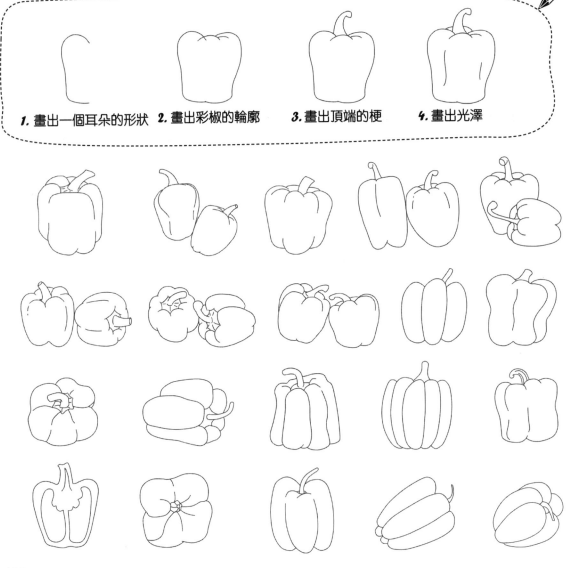

1. 畫出一個耳朵的形狀　2. 畫出彩椒的輪廓　3. 畫出頂端的梗　4. 畫出光澤

茄子

茄子是夏季餐桌上常見的蔬菜，有消腫止痛的功效。

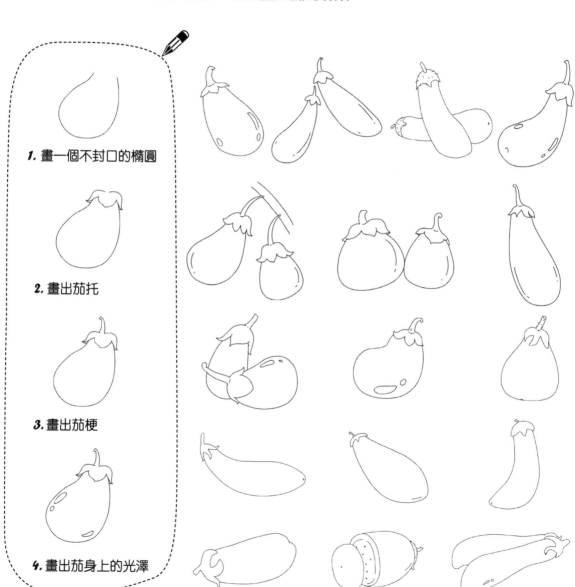

1. 畫一個不封口的橢圓

2. 畫出茄托

3. 畫出茄梗

4. 畫出茄身上的光澤

馬鈴薯

馬鈴薯的外表光滑，表皮上有不明顯的斑點。

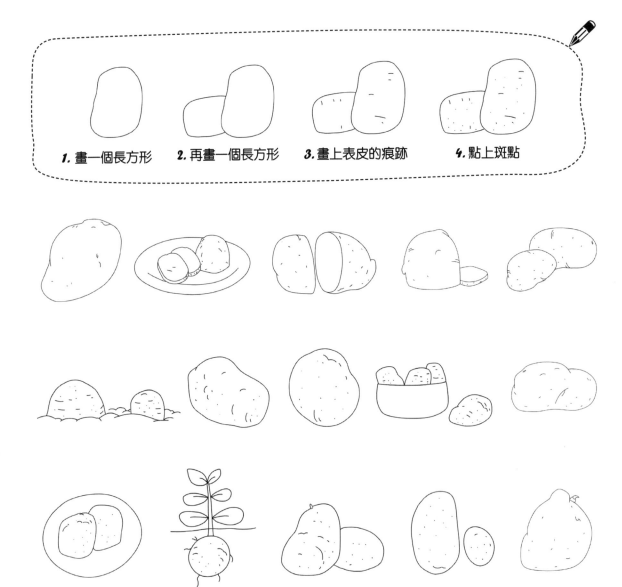

1. 畫一個長方形　　2. 再畫一個長方形　　3. 畫上表皮的痕跡　　4. 點上斑點

西蘭花

西蘭花的莖花均可食用，是一種營養豐富的秋冬蔬菜。

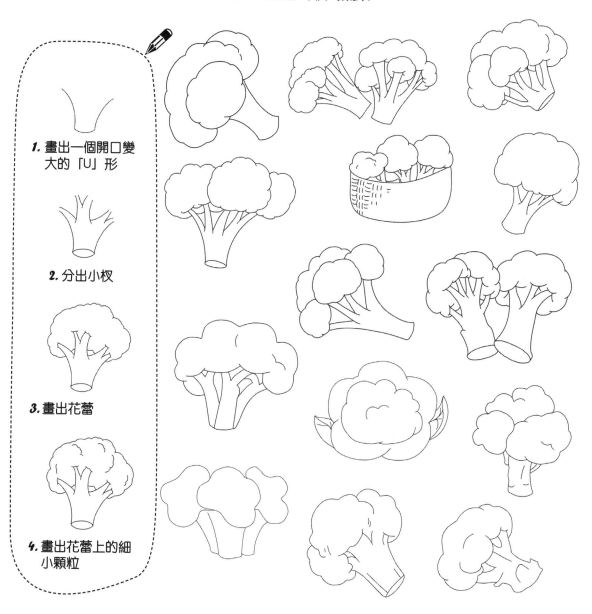

1. 畫出一個開口變大的「U」形

2. 分出小杈

3. 畫出花蕾

4. 畫出花蕾上的細小顆粒

小棠菜

小棠菜的營養價值很高。在開花季節，大片大片的油菜花十分美麗。

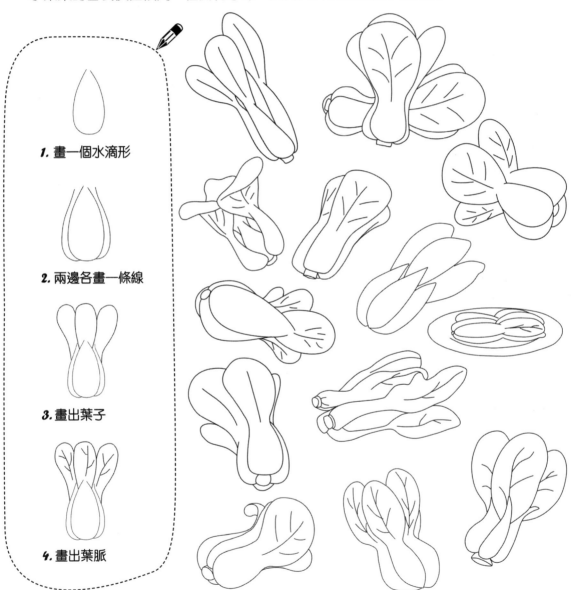

1. 畫一個水滴形

2. 兩邊各畫一條線

3. 畫出葉子

4. 畫出葉脈

洋蔥

洋蔥是一種能散發出特殊香辣味的、耐貯存的蔬菜。

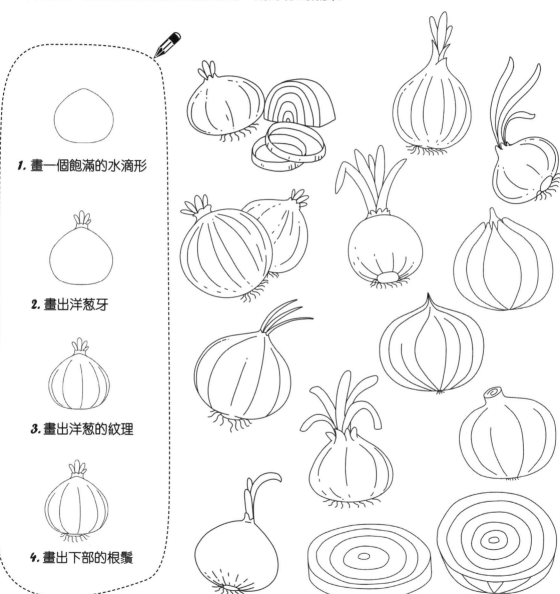

1. 畫一個飽滿的水滴形

2. 畫出洋蔥牙

3. 畫出洋蔥的紋理

4. 畫出下部的根鬚

蘿蔔

蘿蔔的肉質根是常被人們食用的部位，中國各地均有栽培。

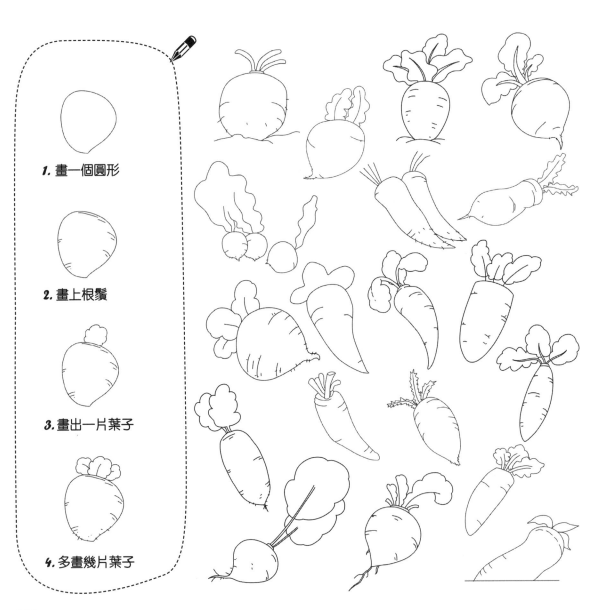

1. 畫一個圓形

2. 畫上根鬚

3. 畫出一片葉子

4. 多畫幾片葉子

菠蘿

菠蘿有圓桶狀的果實，果肉有「內刺」，削皮後需剔除「內刺」才能食用。

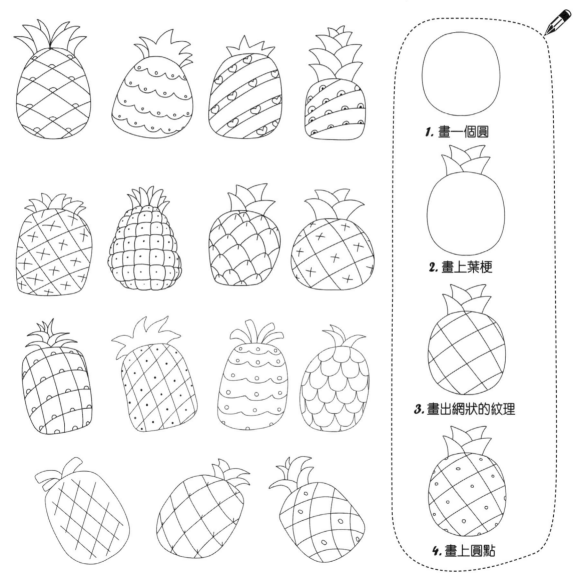

1. 畫一個圓

2. 畫上葉梗

3. 畫出網狀的紋理

4. 畫上圓點

草莓

草莓的外觀為心形，果皮外有細小的顆粒，果肉多汁，口感好，是人們喜食的水果。

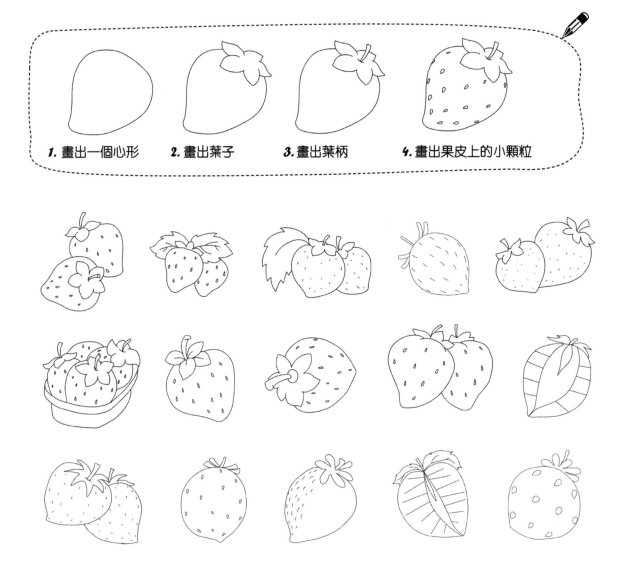

1. 畫出一個心形　　2. 畫出葉子　　3. 畫出葉柄　　4. 畫出果皮上的小顆粒

橙

橙一般為扁圓形或近梨形，果皮能散發出芳香，果肉酸甜可口。

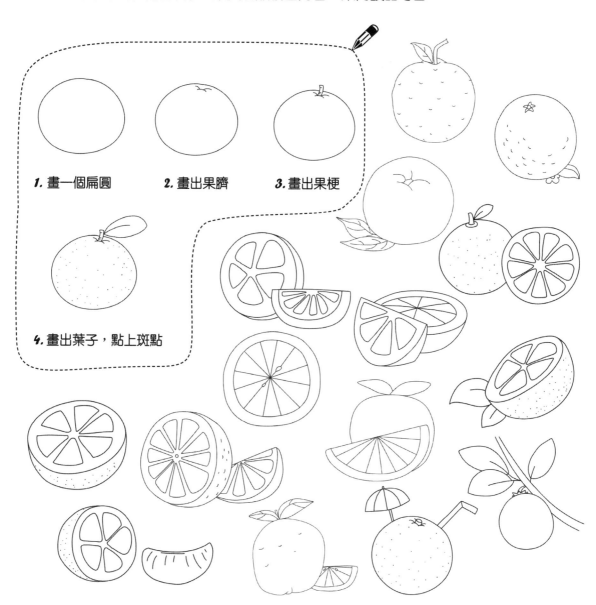

1. 畫一個扁圓

2. 畫出果臍

3. 畫出果梗

4. 畫出葉子，點上斑點

哈密瓜的含糖量高，香甜可口，吃完之後口齒留香，深受人們的喜愛。

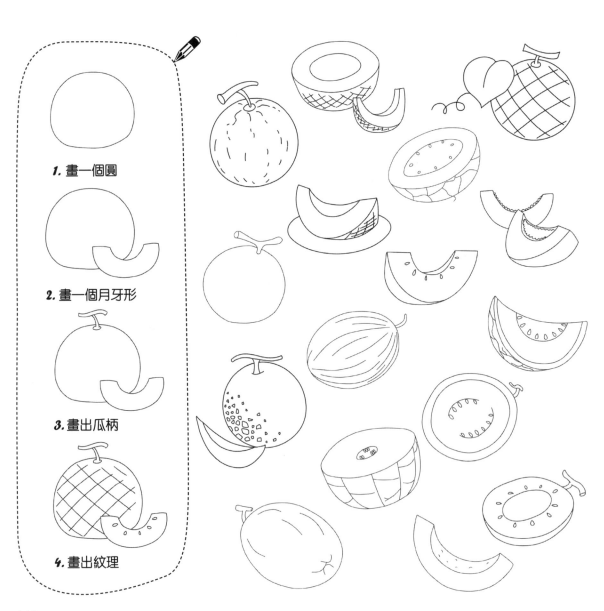

1. 畫一個圓

2. 畫一個月牙形

3. 畫出瓜柄

4. 畫出紋理

火龍果

火龍果呈橢圓形，外皮上有小葉片著生，果肉上有黑色的粒狀種子。

1. 畫一個橢圓　　*2.* 畫出果皮上的一枚葉片　　*3.* 多畫幾片葉片　　*4.* 畫出果蒂和果實頂端的葉片

梨

梨渾身是寶，果皮可生津潤肺，花和葉可清熱祛痰，果肉與冰糖一起燉，還可輔助治療咳嗽。

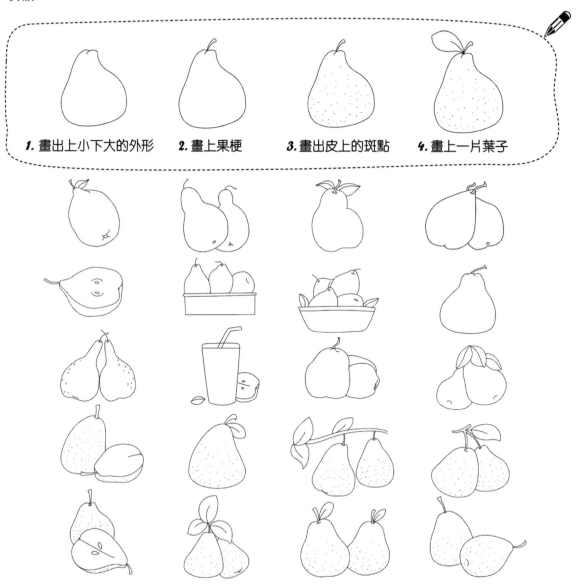

1. 畫出上小下大的外形　　2. 畫上果梗　　3. 畫出皮上的斑點　　4. 畫上一片葉子

芒果

芒果作為「熱帶果王」，因其獨特的風味和細膩的果肉而深受人們喜愛。

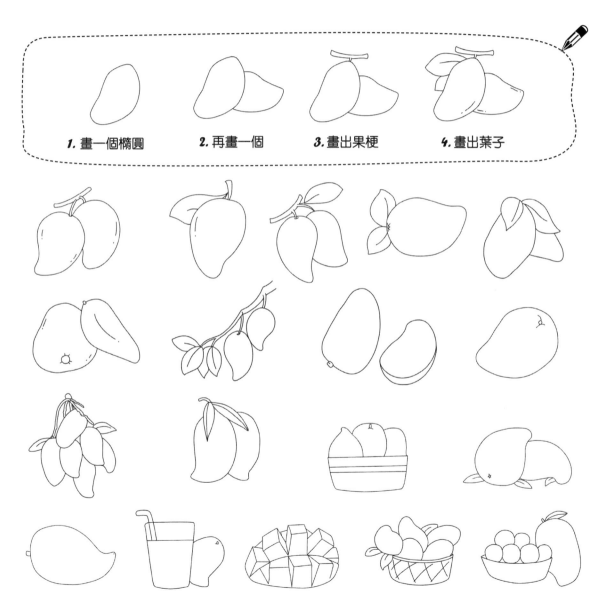

1. 畫一個橢圓　　2. 再畫一個　　3. 畫出果梗　　4. 畫出葉子

奇異果

奇異果果肉柔軟，內含有黑色的種子，吃起來酸酸甜甜，十分爽口。

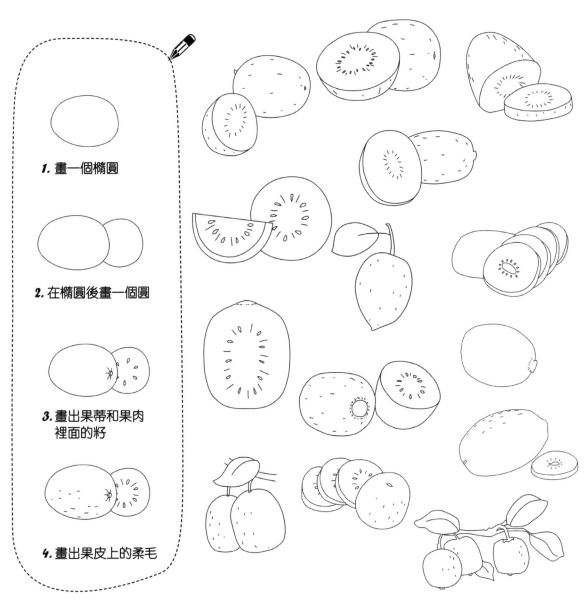

1. 畫一個橢圓

2. 在橢圓後畫一個圓

3. 畫出果蒂和果肉裡面的籽

4. 畫出果皮上的柔毛

檸檬

檸檬又被稱為「益母果」，主要是因為它的味道極酸而深受孕婦的喜歡。

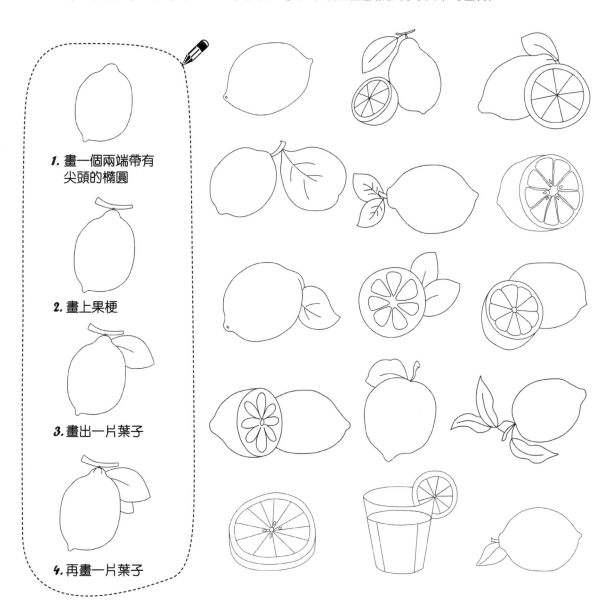

1. 畫一個兩端帶有尖頭的橢圓
2. 畫上果梗
3. 畫出一片葉子
4. 再畫一片葉子

葡萄

成熟的葡萄像水晶一樣晶瑩剔透，吃起來酸甜可口。

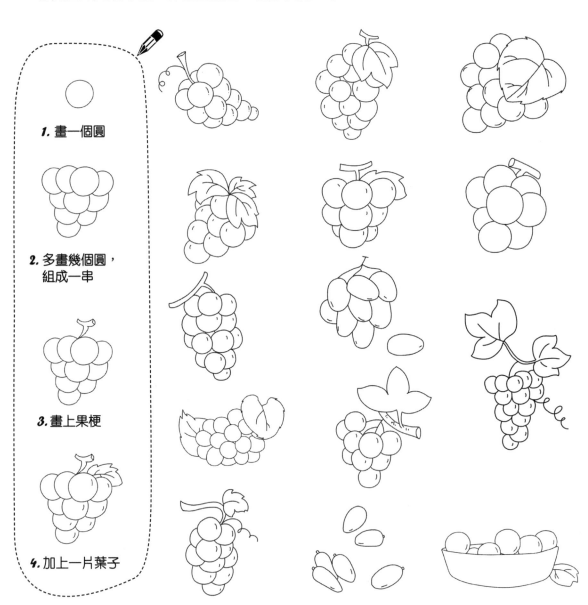

1. 畫一個圓

2. 多畫幾個圓，
   組成一串

3. 畫上果梗

4. 加上一片葉子

蘋果

蘋果中含有豐富的營養，俗話說「一天一個蘋果，醫生遠離我。」

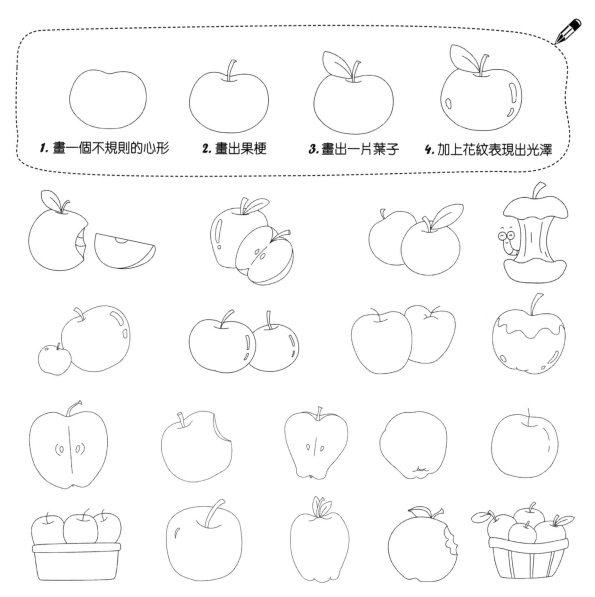

1. 畫一個不規則的心形　　2. 畫出果梗　　3. 畫出一片葉子　　4. 加上花紋表現出光澤

山竹

山竹味道甜美，有「果中皇后」的美譽。

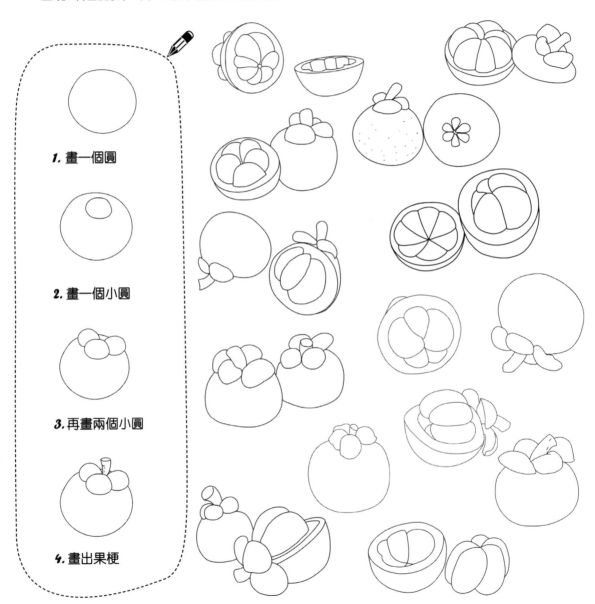

1. 畫一個圓

2. 畫一個小圓

3. 再畫兩個小圓

4. 畫出果梗

石榴

一顆顆晶瑩剔透的石榴籽就像美麗的紅寶石。

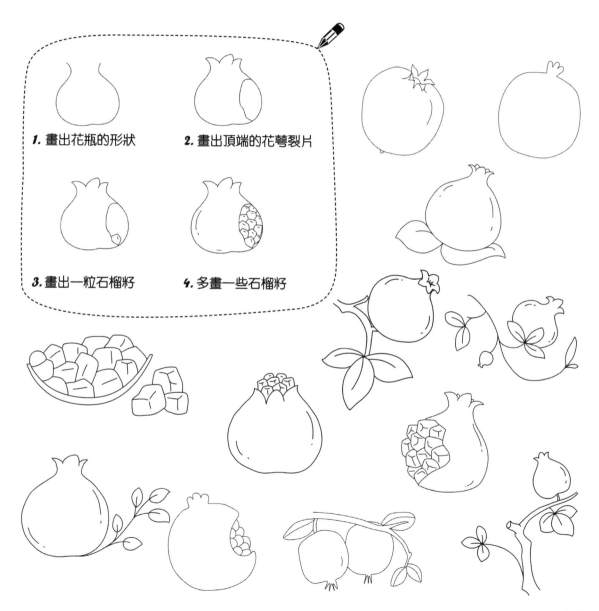

1. 畫出花瓶的形狀

2. 畫出頂端的花萼裂片

3. 畫出一粒石榴籽

4. 多畫一些石榴籽

桃子

桃子的果皮很薄，果肉潤滑而多汁，是人們喜食的水果之一。

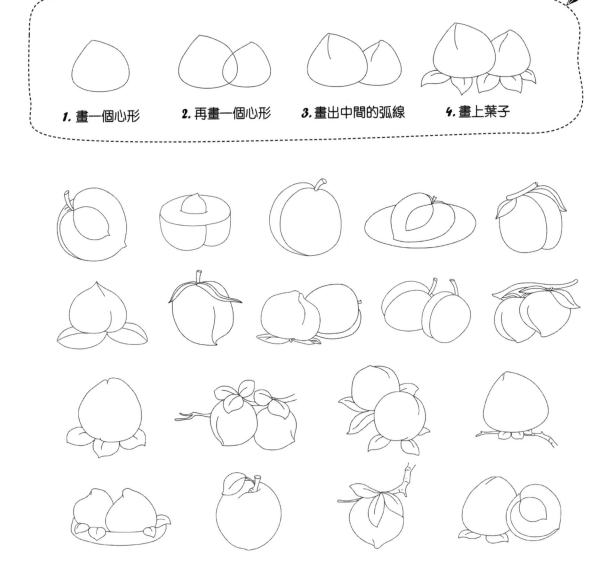

1. 畫一個心形

2. 再畫一個心形

3. 畫出中間的弧線

4. 畫上葉子

西瓜

在炎炎夏日來一塊涼涼甜甜的西瓜，好不愜意！

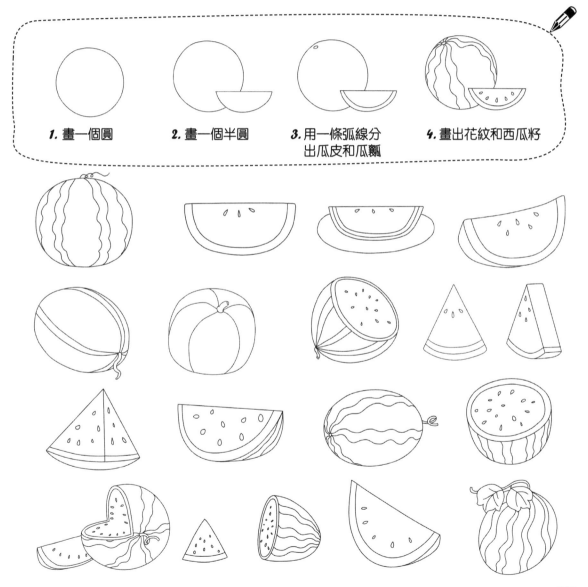

1. 畫一個圓

2. 畫一個半圓

3. 用一條弧線分出瓜皮和瓜瓤

4. 畫出花紋和西瓜籽

香蕉

香蕉是一種軟糯可口、老少皆宜的熱帶水果。

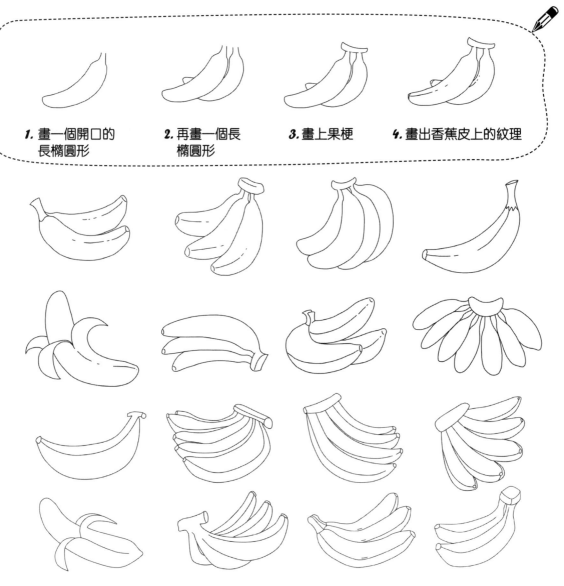

1. 畫一個開口的長橢圓形

2. 再畫一個長橢圓形

3. 畫上果梗

4. 畫出香蕉皮上的紋理

車厘子

小巧的車厘子真可愛呀，像一串串晶瑩的瑪瑙。

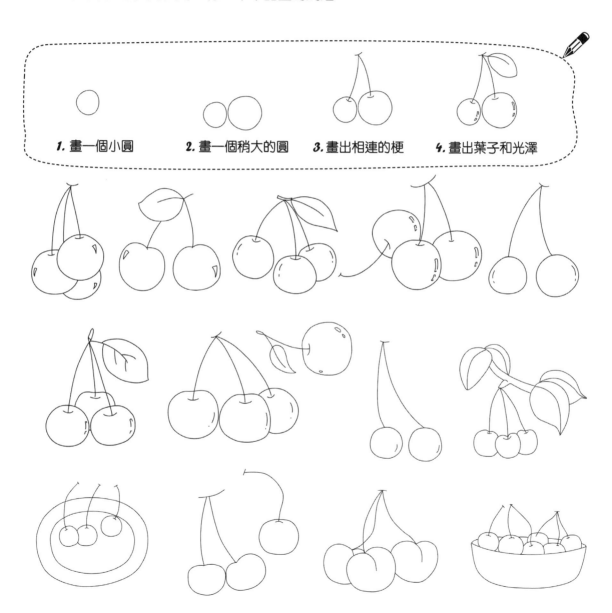

1. 畫一個小圓　　2. 畫一個稍大的圓　　3. 畫出相連的梗　　4. 畫出葉子和光澤

楊桃

成熟的楊桃常呈黃綠色，橫截面為五角星形狀。

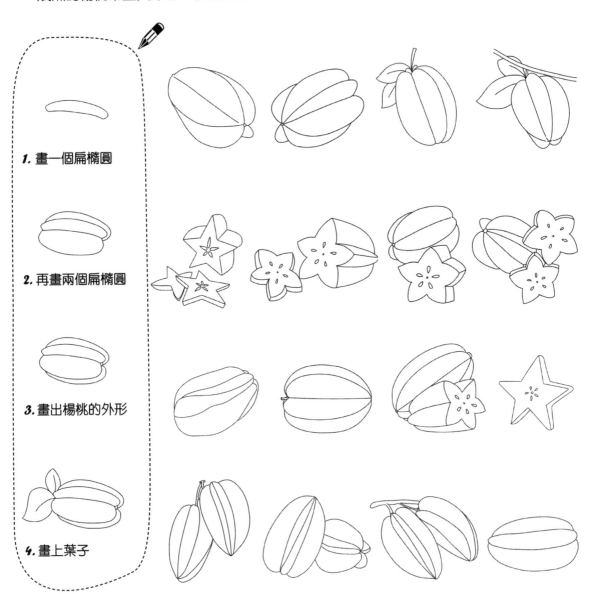

1. 畫一個扁橢圓

2. 再畫兩個扁橢圓

3. 畫出楊桃的外形

4. 畫上葉子

板栗

板栗中含有豐富的礦物質，特別是鉀的含量比蘋果等水果高得多。

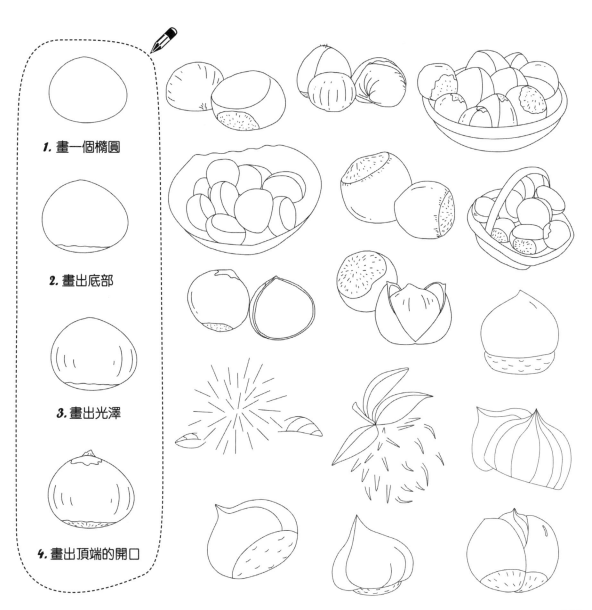

1. 畫一個橢圓

2. 畫出底部

3. 畫出光澤

4. 畫出頂端的開口

主食

我們每天所吃的主食有很多，比如米飯、麵條等。

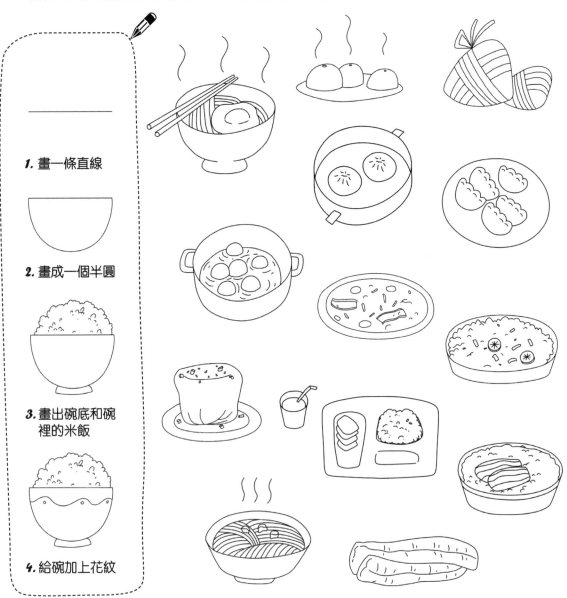

1. 畫一條直線

2. 畫成一個半圓

3. 畫出碗底和碗裡的米飯

4. 給碗加上花紋

西餐

西餐的種類很多，比如牛排、披薩、紅酒等。

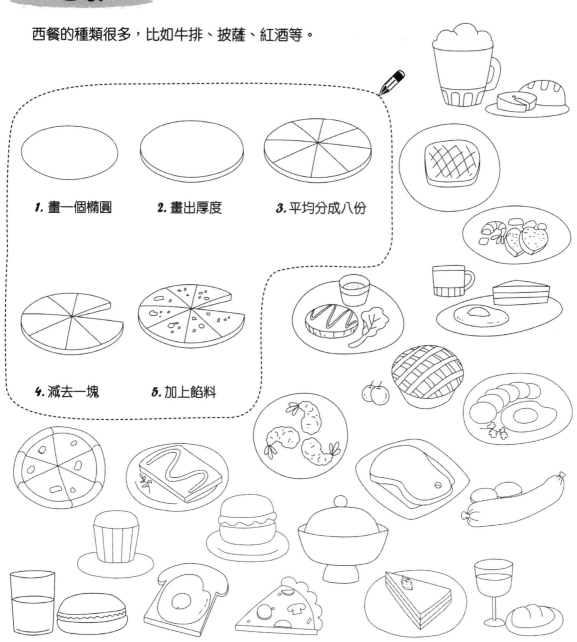

1. 畫一個橢圓

2. 畫出厚度

3. 平均分成八份

4. 減去一塊

5. 加上餡料

花卷

花卷是中國北方人民常食用的麵食之一，是在饅頭的基礎上改進而成的。

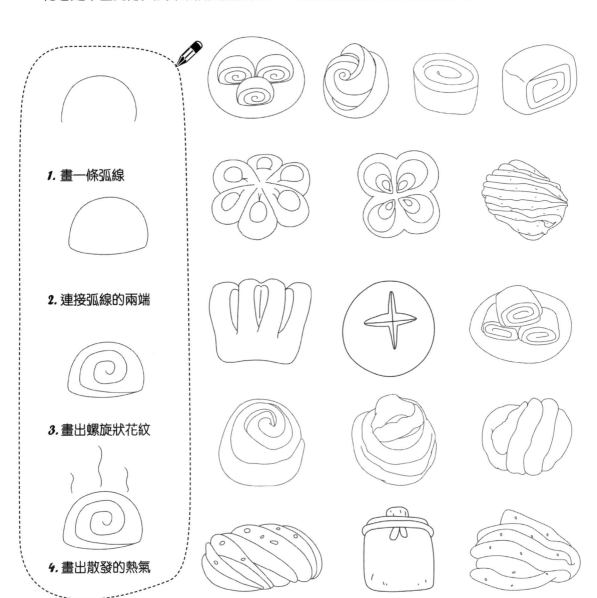

1. 畫一條弧線

2. 連接弧線的兩端

3. 畫出螺旋狀花紋

4. 畫出散發的熱氣

壽司

壽司是一種用紫菜或海苔包裹著米粒、肉鬆、青瓜等材料製成的可口食物。

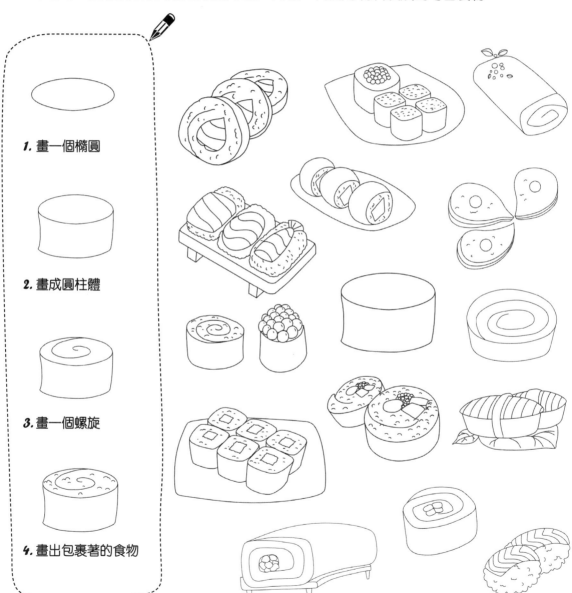

1. 畫一個橢圓

2. 畫成圓柱體

3. 畫一個螺旋

4. 畫出包裹著的食物

漢堡

漢堡是一種在麵包中間夾上肉和蔬菜的高熱量食物。

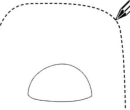

1. 畫出上面的麵包

2. 畫出中間的食物

3. 畫出底層的麵包

4. 畫出麵包上的芝麻

蛋糕

蛋糕是烘烤而成的鬆軟點心，杯狀蛋糕深受孩子們的喜愛。

1. 畫出一朵雲的形狀

2. 畫出一個上大下小的杯子

3. 畫出杯子上的花紋

4. 畫出蛋糕上的車厘子

生日蛋糕

生日蛋糕上可以有各色的花紋和裝飾。當然，蠟燭是必不可少的。

1. 畫一個梯形

2. 畫出忌廉

3. 畫上蛋糕上的花紋和蠟燭

4. 畫出蠟燭上的火苗

麵包

有「人造果實」美譽的麵包，鬆軟可口且口味豐富多樣。

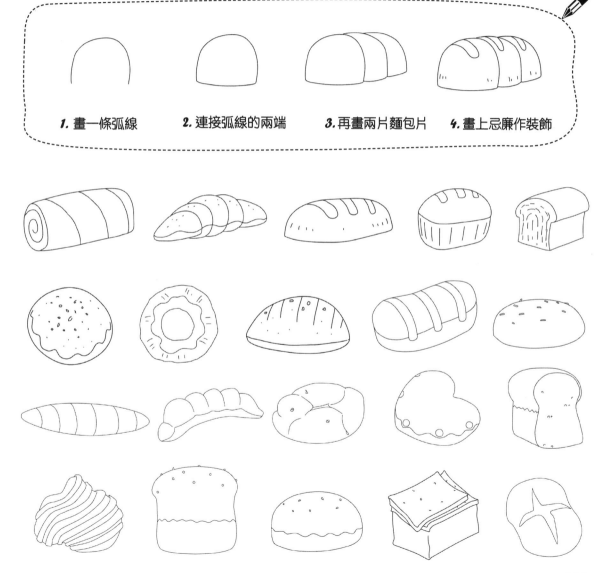

1. 畫一條弧線
2. 連接弧線的兩端
3. 再畫兩片麵包片
4. 畫上忌廉作裝飾

餅乾

既可作零食又可當主餐的餅乾，因口味繁多、口感優良而深受人們的喜愛。

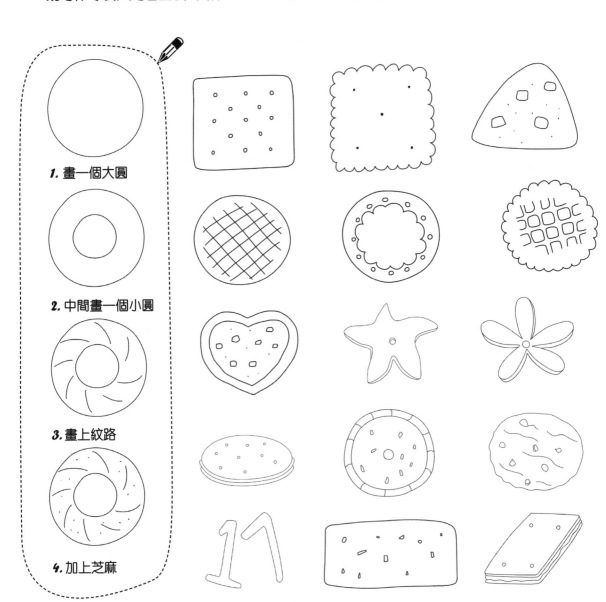

1. 畫一個大圓

2. 中間畫一個小圓

3. 畫上紋路

4. 加上芝麻

芝士

芝士主要由鮮奶製成，又可分為熟芝士和生芝士。

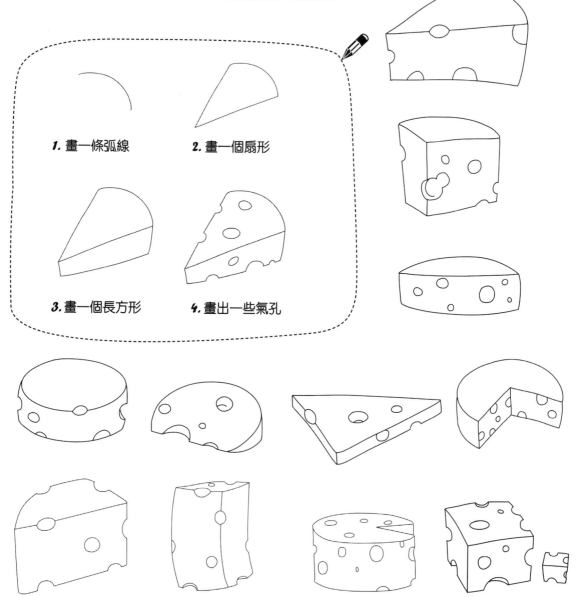

1. 畫一條弧線

2. 畫一個扇形

3. 畫一個長方形

4. 畫出一些氣孔

三文治

三文治是用麵包夾芝士或肉製成的、在西方國家流行的快餐食品。

1. 畫出一片三角形麵包　2. 畫出中間的食物　3. 畫出下面的麵包　4. 撒上芝麻

冬甩

冬甩是深受孩子們喜歡的一種甜品，在一般的糕點店舖均有出售。

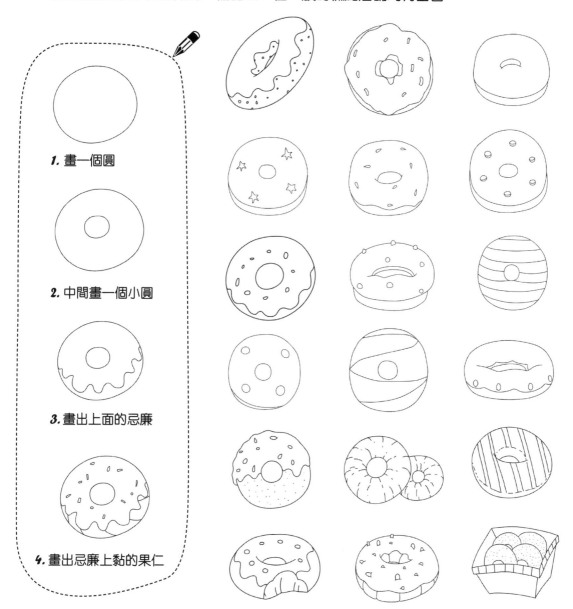

1. 畫一個圓

2. 中間畫一個小圓

3. 畫出上面的忌廉

4. 畫出忌廉上黏的果仁

糖果

甜甜的、五顏六色的糖果是孩子們的最愛。

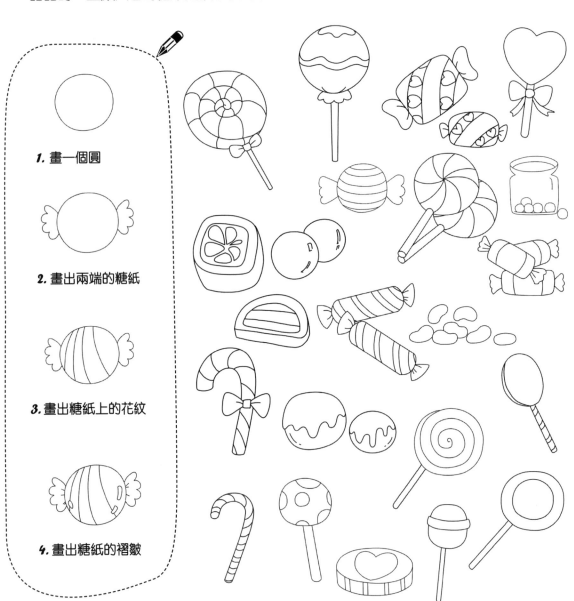

1. 畫一個圓

2. 畫出兩端的糖紙

3. 畫出糖紙上的花紋

4. 畫出糖紙的褶皺

粟米

粟米不僅是一種重要的糧食作物，同時也是一種保健食品。

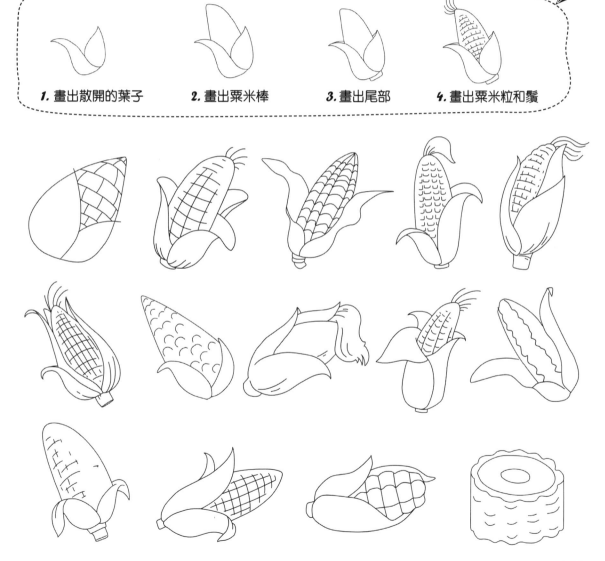

1. 畫出散開的葉子

2. 畫出粟米棒

3. 畫出尾部

4. 畫出粟米粒和鬚

花生

花生在民間又被稱為「長生果」，含有豐富的營養，常吃花生能夠滋養身體。

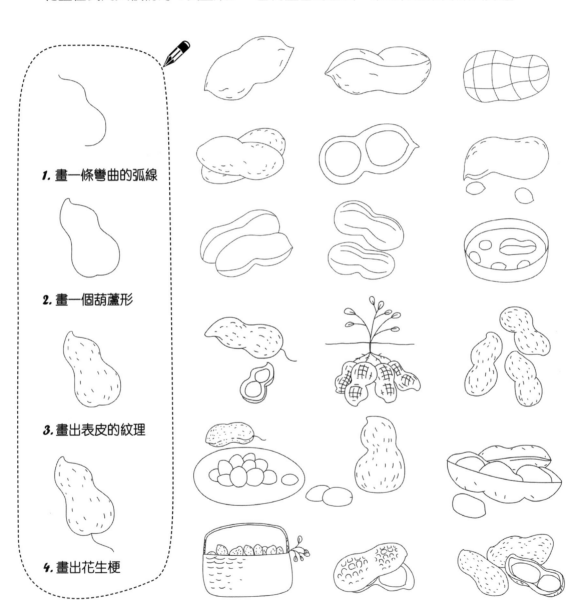

1. 畫一條彎曲的弧線

2. 畫一個葫蘆形

3. 畫出表皮的紋理

4. 畫出花生梗

小麥

小麥由其穗狀的花序而得名「麥穗」，是中國北方的主要糧食作物。

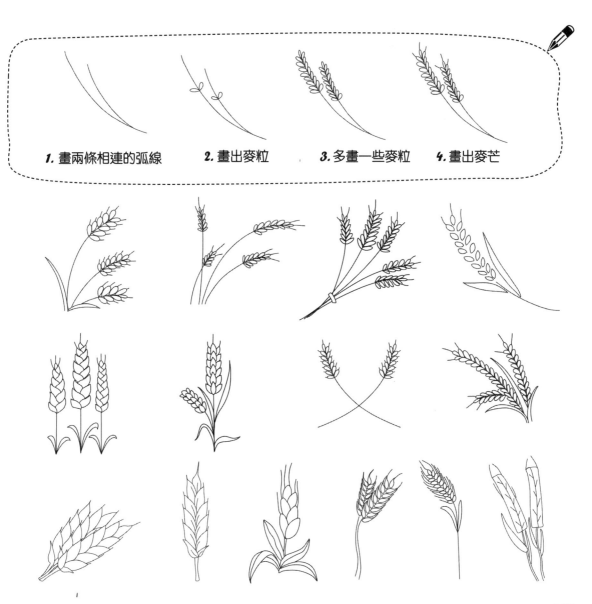

1. 畫兩條相連的弧線　　*2.* 畫出麥粒　　*3.* 多畫一些麥粒　　*4.* 畫出麥芒

咖啡

咖啡是人們工作、學習疲勞時用來提神的飲品。

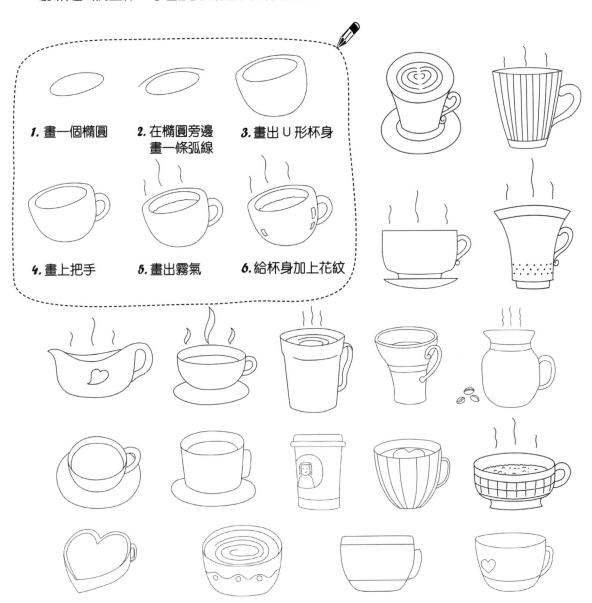

1. 畫一個橢圓
2. 在橢圓旁邊畫一條弧線
3. 畫出 U 形杯身
4. 畫上把手
5. 畫出霧氣
6. 給杯身加上花紋

果汁

果汁中含有身體所需的維他命和各種微量元素，因此受到消費者的青睞。

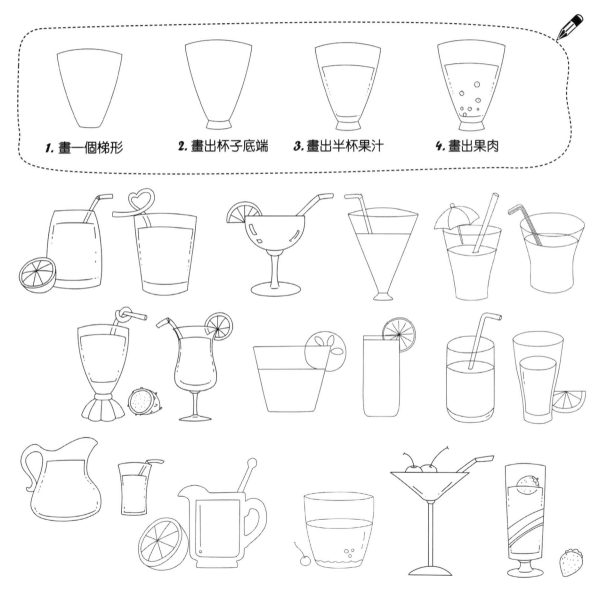

1. 畫一個梯形

2. 畫出杯子底端

3. 畫出半杯果汁

4. 畫出果肉

易拉罐飲料

易拉罐飲料因其攜帶方便而深受人們的喜歡。

1. 畫一個圓柱體
2. 畫出罐頂
3. 畫出罐底
4. 畫出花紋和插入的吸管

第五章
植物

青青的小草、美麗的花朵、參天的樹木、
渾身長滿刺的仙人掌……
這些可愛的植物給我們的生活增添了
一絲生機，一些綠意。

百合

百合不僅有著百年好合的寓意，還有潤肺止咳的功效。

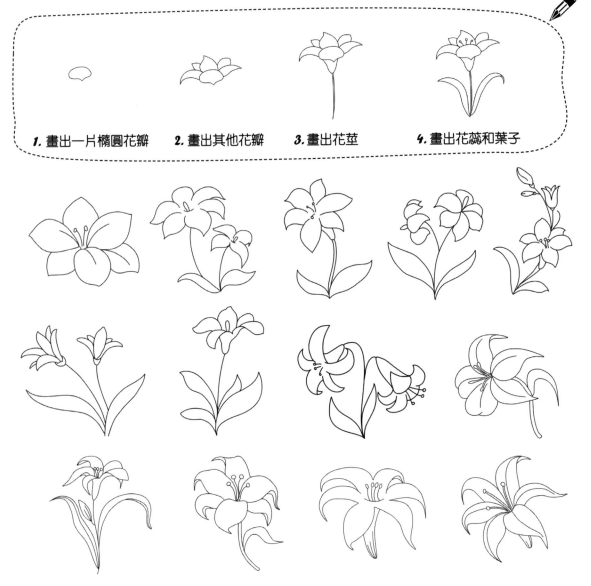

1. 畫出一片橢圓花瓣　　2. 畫出其他花瓣　　3. 畫出花莖　　4. 畫出花蕊和葉子

捕蠅草

捕蠅草是一種獨特的食蟲植物，它能消化吸收黏在自己葉子上的小蟲。

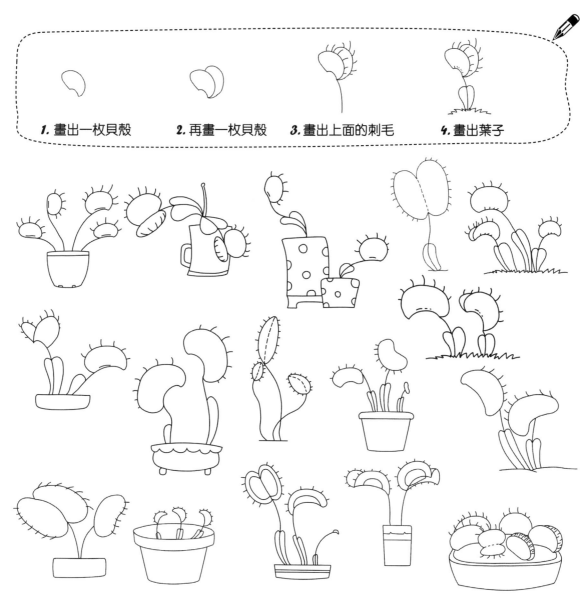

1. 畫出一枚貝殼　　2. 再畫一枚貝殼　　3. 畫出上面的刺毛　　4. 畫出葉子

倒掛金鐘

倒掛金鐘最為獨特的是其鐘狀的花朵倒懸著，就像是懸掛的金鐘。

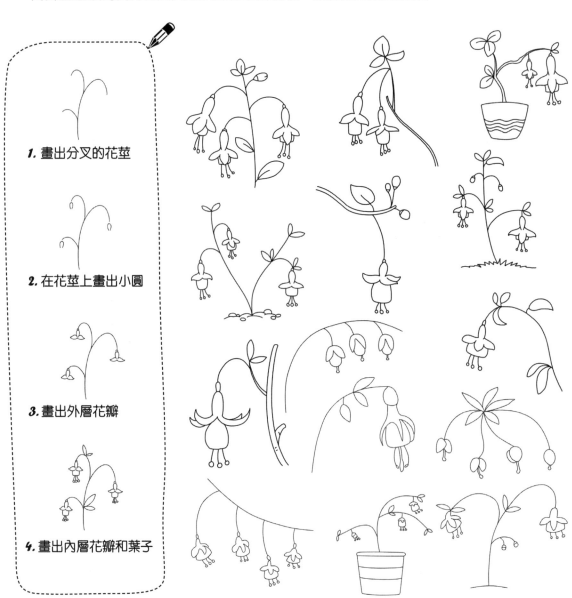

1. 畫出分叉的花莖

2. 在花莖上畫出小圓

3. 畫出外層花瓣

4. 畫出內層花瓣和葉子

多肉植物

多肉植物的特點是沒有莖，葉子全部肉質化。

1. 畫出一個花盆   2. 畫出兩片葉子   3. 多畫一些葉子   4. 畫出花瓶上的反光

風信子

風信子的花色豐富多樣，總狀花序圍繞著鱗莖密集分佈，被譽為「西洋水仙」。

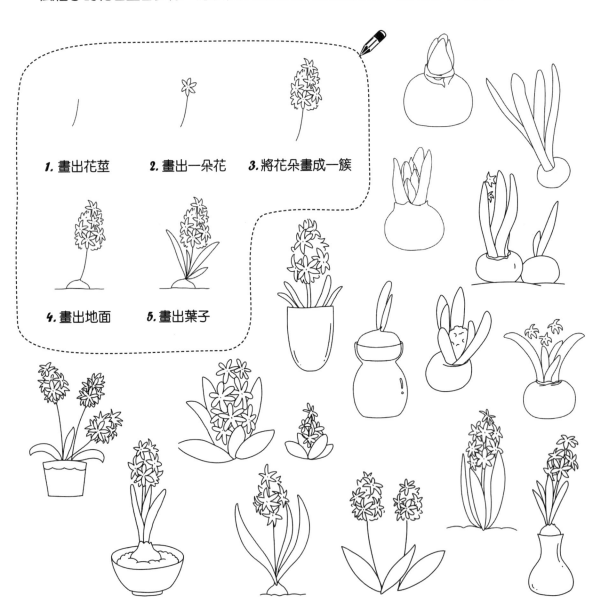

1. 畫出花莖

2. 畫出一朵花

3. 將花朵畫成一簇

4. 畫出地面

5. 畫出葉子

富貴竹

富貴竹是常綠植物，寓意美好，有細長的葉子。

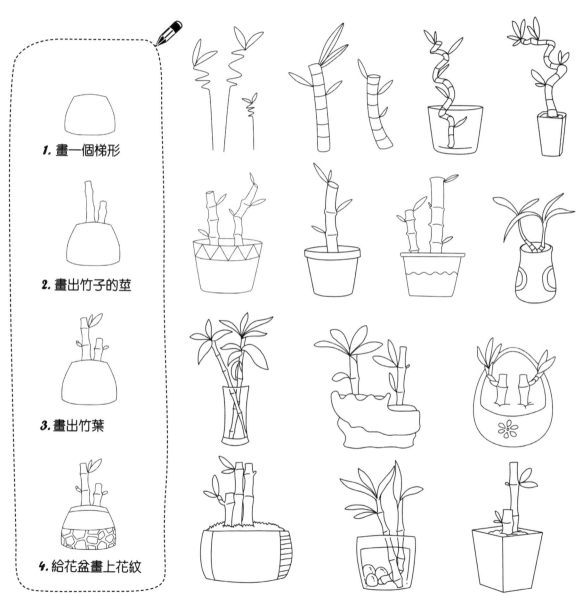

1. 畫一個梯形

2. 畫出竹子的莖

3. 畫出竹葉

4. 給花盆畫上花紋

花葉秋海棠

秋海棠是一種常綠室內觀葉植物，心形的葉片極為雅致。

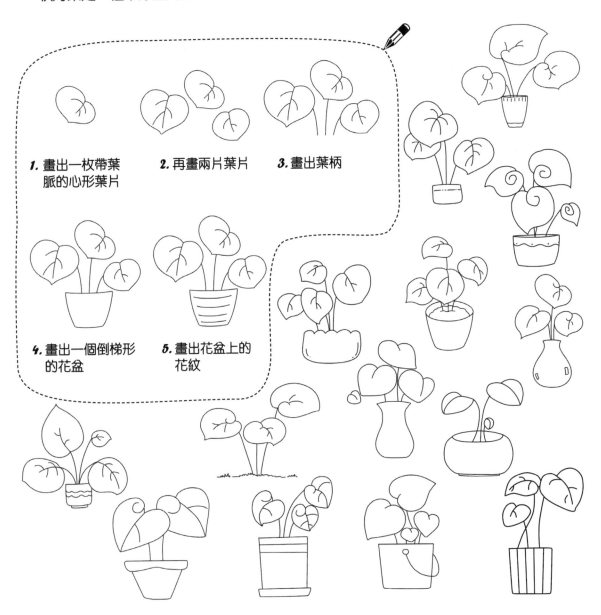

1. 畫出一枚帶葉脈的心形葉片

2. 再畫兩片葉片

3. 畫出葉柄

4. 畫出一個倒梯形的花盆

5. 畫出花盆上的花紋

龜背竹

龜背竹的葉子上有孔洞，就像是烏龜背上的圖案，因此得名。

1. 畫出兩片心形的葉子
2. 畫出葉上的孔洞和深裂
3. 畫出莖
4. 畫出地面

果樹

每到秋季，累累的果實掛滿枝頭，十分誘人。

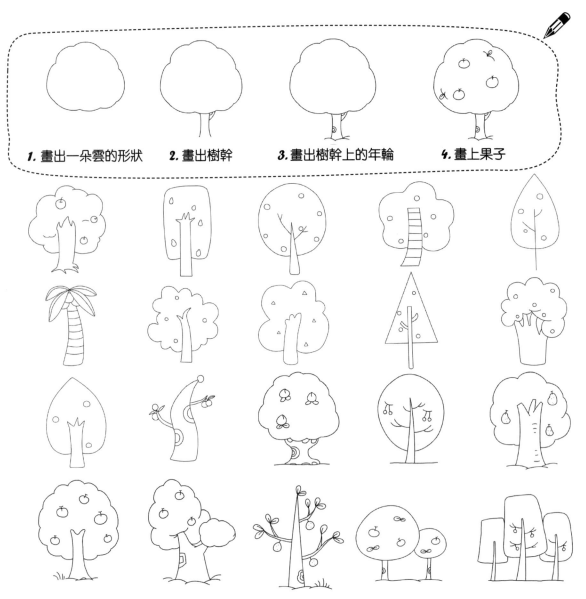

1. 畫出一朵雲的形狀   **2.** 畫出樹幹   **3.** 畫出樹幹上的年輪   **4.** 畫上果子

海底植物

海底植物豐富多樣，有很多是人們喜歡的食品，比如柔軟的海帶等。

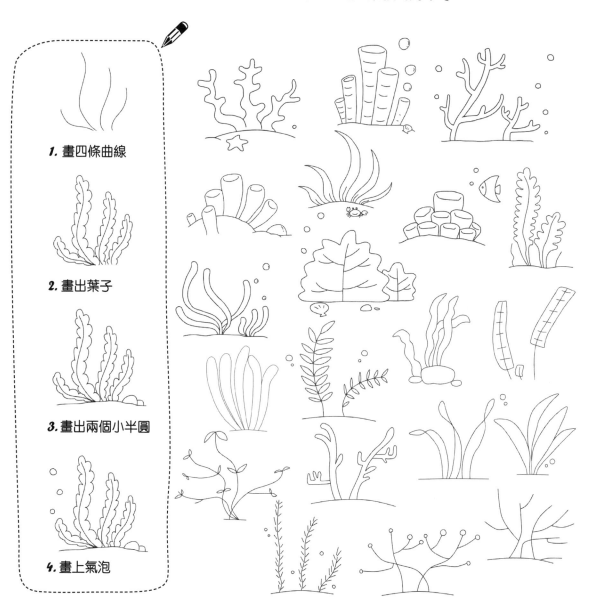

1. 畫四條曲線

2. 畫出葉子

3. 畫出兩個小半圓

4. 畫上氣泡

海棠

海棠是一種雅俗共賞的花朵，從古代開始就被文人推崇吟誦。

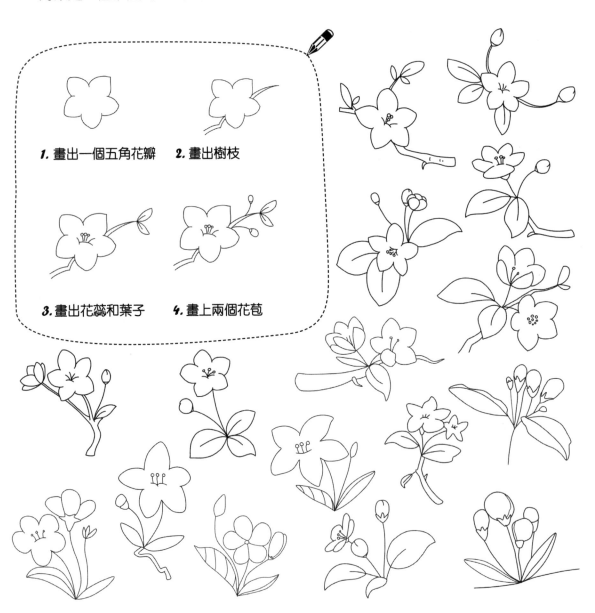

1. 畫出一個五角花瓣　　*2.* 畫出樹枝

3. 畫出花蕊和葉子　　*4.* 畫上兩個花苞

合歡花

合歡花是夫妻恩愛的象徵,是澳洲的國花。

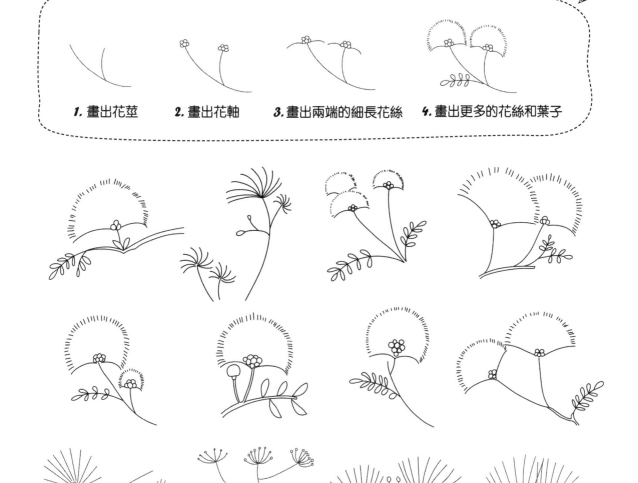

1. 畫出花莖　　2. 畫出花軸　　3. 畫出兩端的細長花絲　　4. 畫出更多的花絲和葉子

荷花

荷花是高雅和潔身自好的象徵，代表著美好的品質。

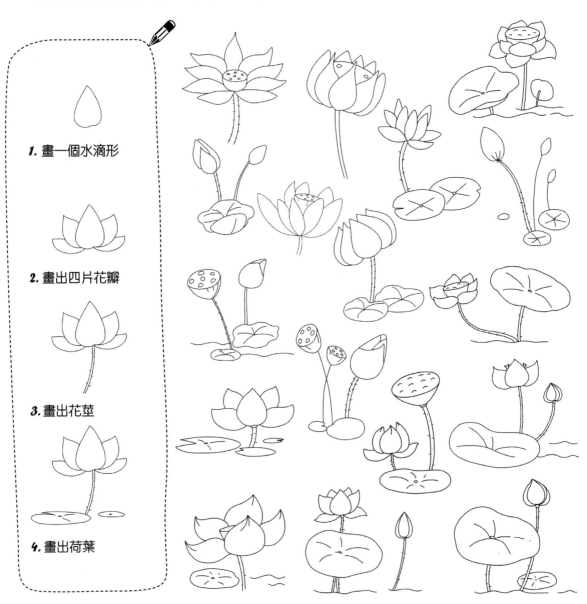

1. 畫一個水滴形

2. 畫出四片花瓣

3. 畫出花莖

4. 畫出荷葉

葫蘆

葫蘆的大小形狀各不相同，一般是上部小下部大。

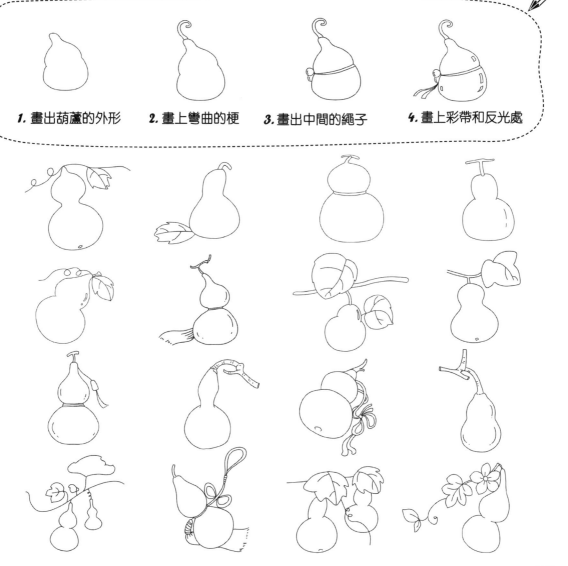

1. 畫出葫蘆的外形　　2. 畫上彎曲的梗　　3. 畫出中間的繩子　　4. 畫上彩帶和反光處

雞冠花

雞冠花因其火紅的花朵像雞冠而得名。

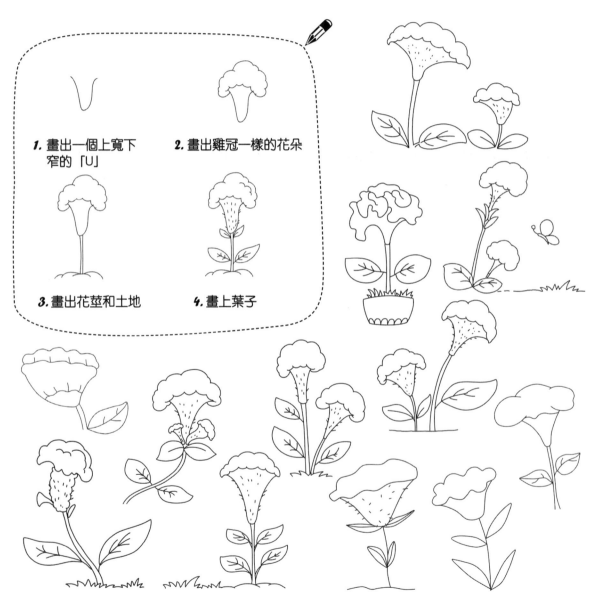

1. 畫出一個上寬下窄的「U」

2. 畫出雞冠一樣的花朵

3. 畫出花莖和土地

4. 畫上葉子

桔梗

桔梗開紫色或藍色的花朵，根部可以作為止咳的藥材使用。

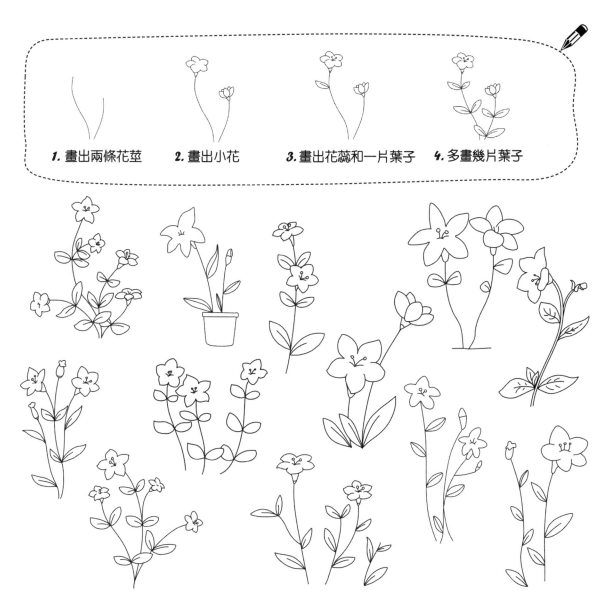

1. 畫出兩條花莖　　2. 畫出小花　　3. 畫出花蕊和一片葉子　　4. 多畫幾片葉子

菊花

菊花是藥食兼用的多年生草本植物，和梅、蘭、竹合稱為「花中四君子」。

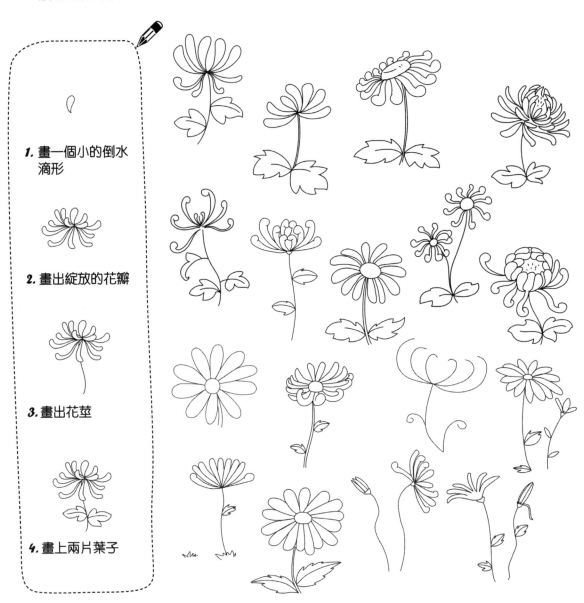

1. 畫一個小的倒水滴形

2. 畫出綻放的花瓣

3. 畫出花莖

4. 畫上兩片葉子

蕨

蕨一般生長在淺山區的向陽地塊，是一種口感爽滑的上乘蔬菜。

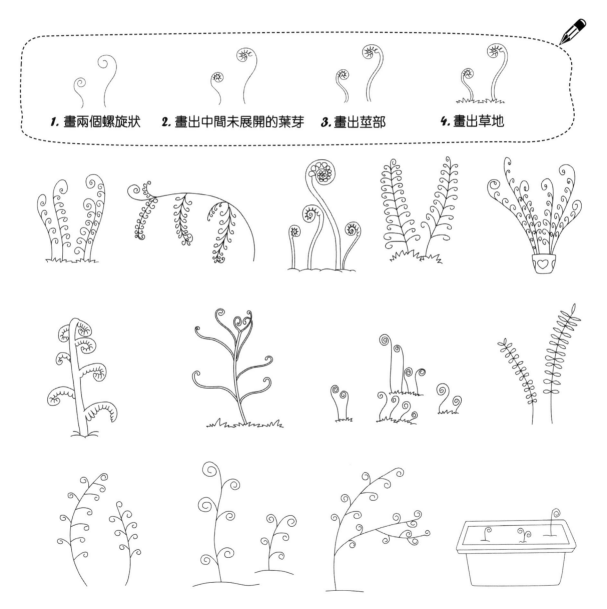

1. 畫兩個螺旋狀　　2. 畫出中間未展開的葉芽　　3. 畫出莖部　　4. 畫出草地

康乃馨

優雅美麗的康乃馨常被作為母親節獻給母親的花朵。

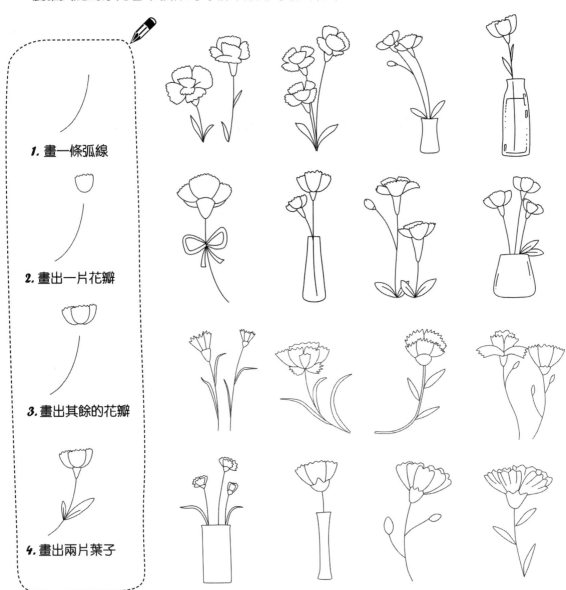

1. 畫一條弧線

2. 畫出一片花瓣

3. 畫出其餘的花瓣

4. 畫出兩片葉子

牽牛花

牽牛花常生活在山野路邊，觀賞價值高，生命力強。

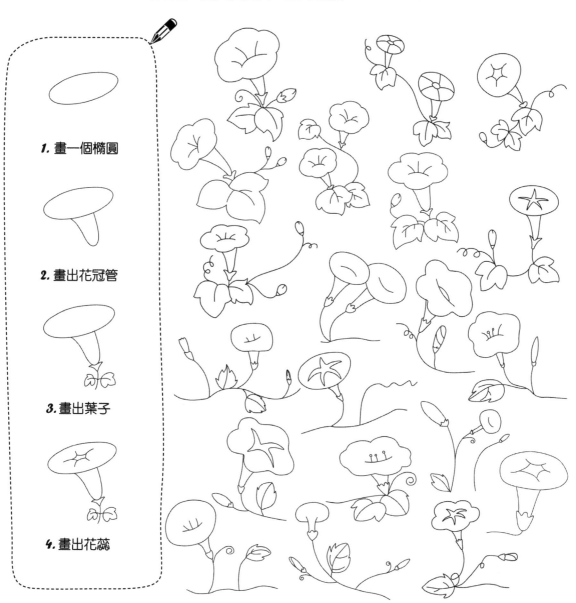

1. 畫一個橢圓

2. 畫出花冠管

3. 畫出葉子

4. 畫出花蕊

蘭花

蘭花與竹、梅、菊合稱為「花中四君子」，以其高雅的品格而著稱。

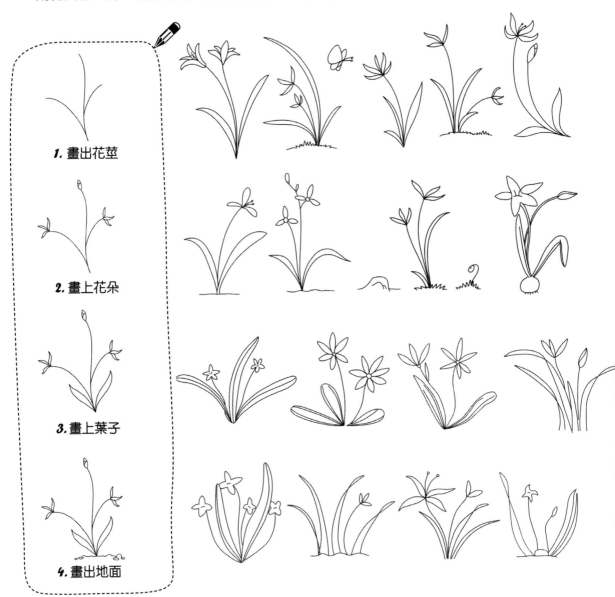

1. 畫出花莖

2. 畫上花朵

3. 畫上葉子

4. 畫出地面

鈴蘭

鈴蘭的花朵為鐘狀，潔白的花朵下垂就像是謙遜的君子。

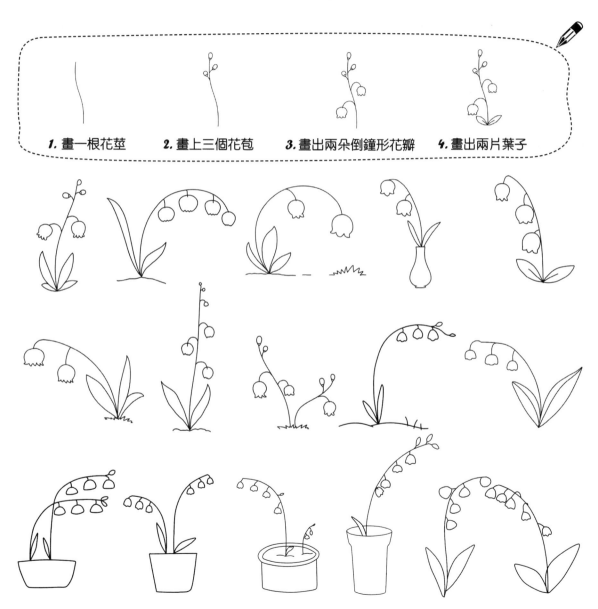

1. 畫一根花莖　　2. 畫上三個花苞　　3. 畫出兩朵倒鐘形花瓣　　4. 畫出兩片葉子

柳樹

柳樹下垂的枝條，倒映在池塘裡十分美麗。

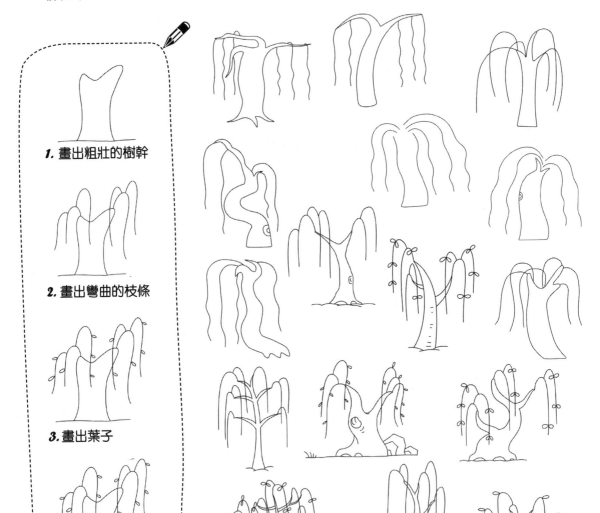

1. 畫出粗壯的樹幹

2. 畫出彎曲的枝條

3. 畫出葉子

4. 畫出樹幹上的年輪

蘆葦

蘆葦多生長在淺水地區，繁殖迅速，易形成大片的葦塘。

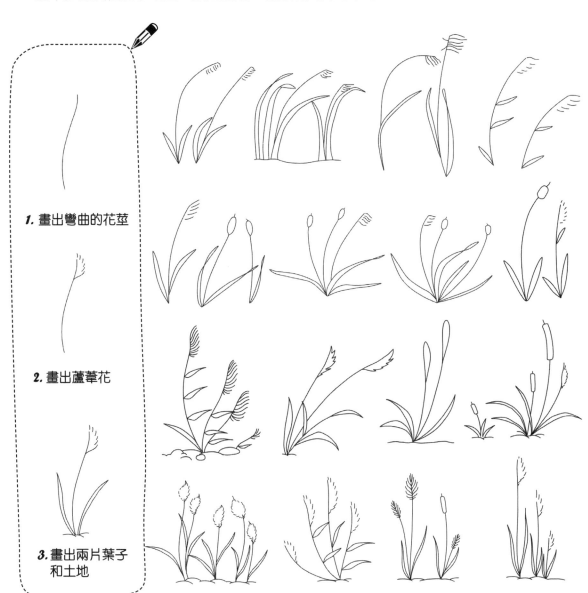

1. 畫出彎曲的花莖

2. 畫出蘆葦花

3. 畫出兩片葉子
和土地

綠蘿

綠蘿有心形的葉片和發達的根系，在土地上栽培或水培均能很好地生長。

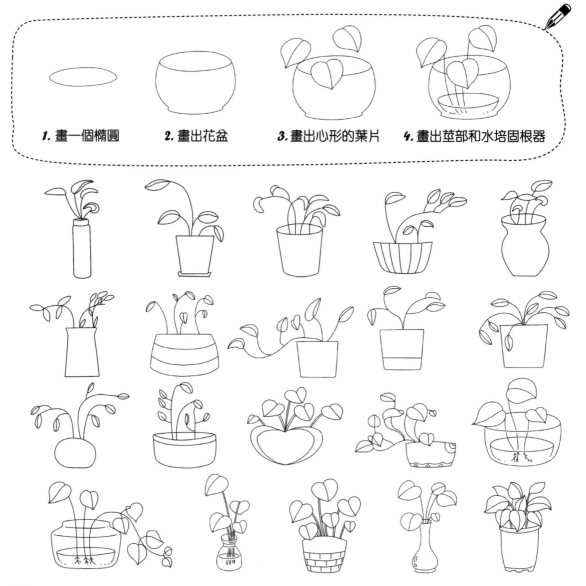

1. 畫一個橢圓　　2. 畫出花盆　　3. 畫出心形的葉片　　4. 畫出莖部和水培固根器

馬蹄蓮

馬蹄蓮花花形奇特,是天南星科的多年生球根花卉。

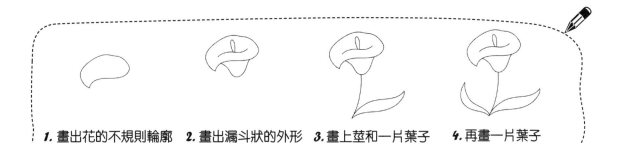

1. 畫出花的不規則輪廓
2. 畫出漏斗狀的外形和長橢圓形的花蕊
3. 畫上莖和一片葉子
4. 再畫一片葉子

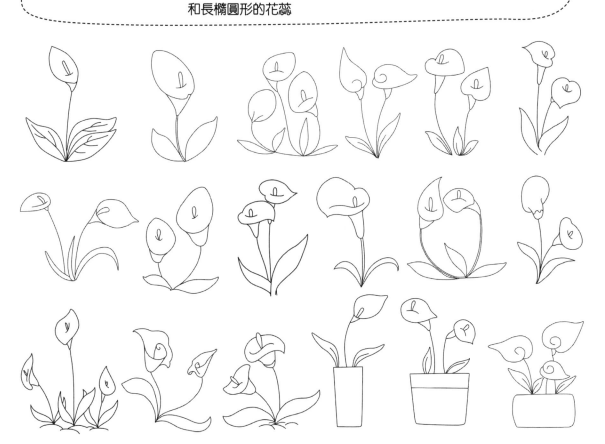

曼陀羅

曼陀羅整個植株有毒，花朵大而美麗，有麻醉的功效。

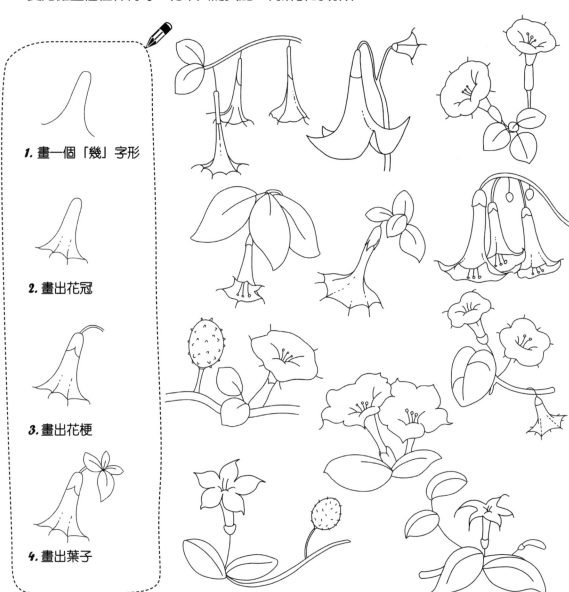

1. 畫一個「幾」字形

2. 畫出花冠

3. 畫出花梗

4. 畫出葉子

玫瑰

代表甜蜜愛情的玫瑰，在生活中也有廣泛的應用，比如人們喜歡喝的玫瑰花茶。

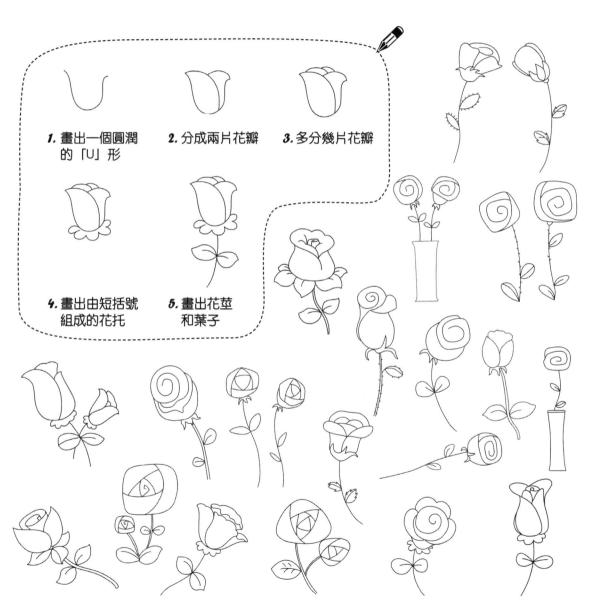

1. 畫出一個圓潤的「U」形

2. 分成兩片花瓣

3. 多分幾片花瓣

4. 畫出由短括號組成的花托

5. 畫出花莖和葉子

梅花

梅花開在寒冷的冬季，是孤傲與高潔的象徵。

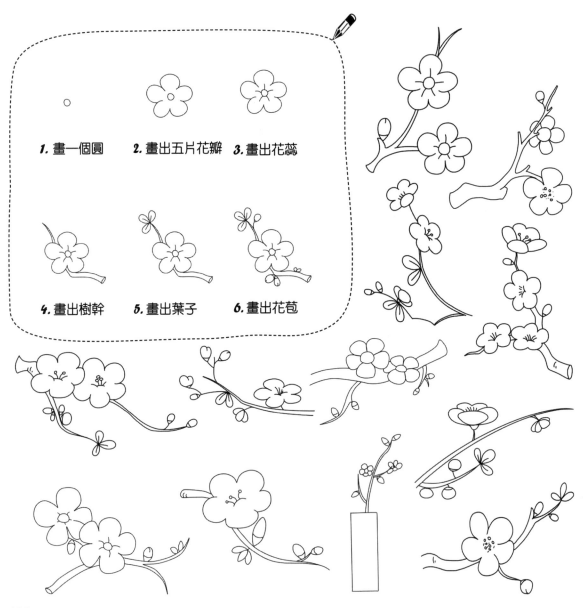

1. 畫一個圓
2. 畫出五片花瓣
3. 畫出花蕊
4. 畫出樹幹
5. 畫出葉子
6. 畫出花苞

麵包樹

麵包樹因其果實的味道像麵包而得名，有粗壯的樹幹。

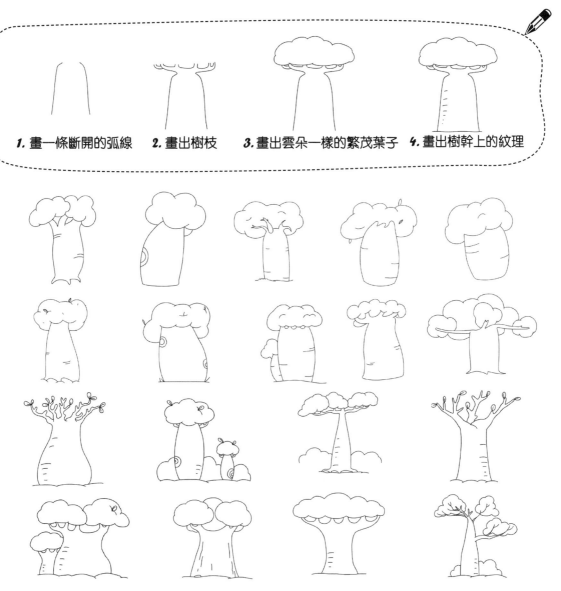

1. 畫一條斷開的弧線　　2. 畫出樹枝　　3. 畫出雲朵一樣的繁茂葉子　　4. 畫出樹幹上的紋理

茉莉花

清香淡雅的茉莉是友誼的象徵，同時還有很好的美容功效。

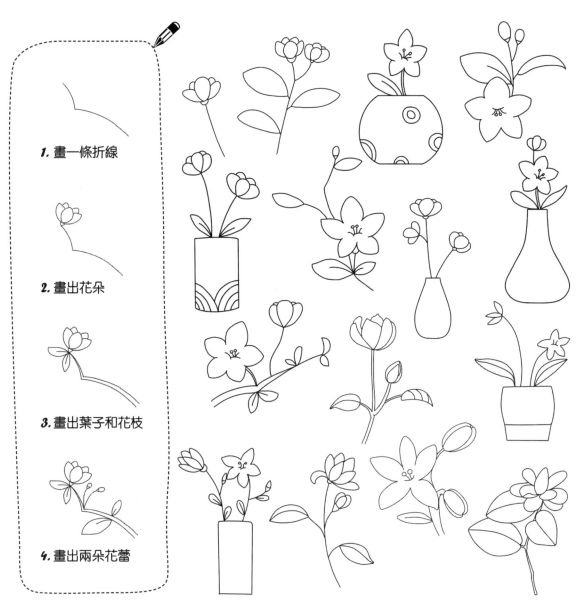

1. 畫一條折線

2. 畫出花朵

3. 畫出葉子和花枝

4. 畫出兩朵花蕾

牡丹

作為花中之王的牡丹是雍容華貴的象徵。

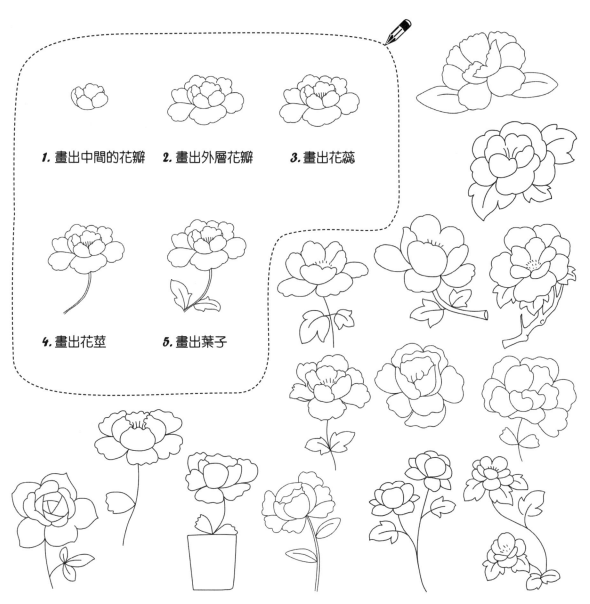

1. 畫出中間的花瓣　　**2.** 畫出外層花瓣　　**3.** 畫出花蕊

4. 畫出花莖　　**5.** 畫出葉子

木槿花

木槿花是夏季和秋季的重要觀賞花卉，同時又是韓國和馬來西亞的國花。

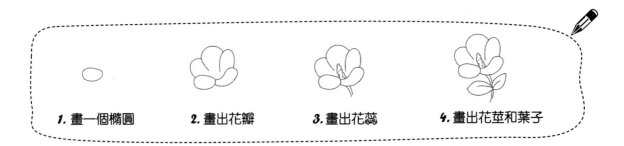

1. 畫一個橢圓　　**2.** 畫出花瓣　　**3.** 畫出花蕊　　**4.** 畫出花莖和葉子

蒲公英

蒲公英的種子包裹在被風吹落的白色柔毛內。

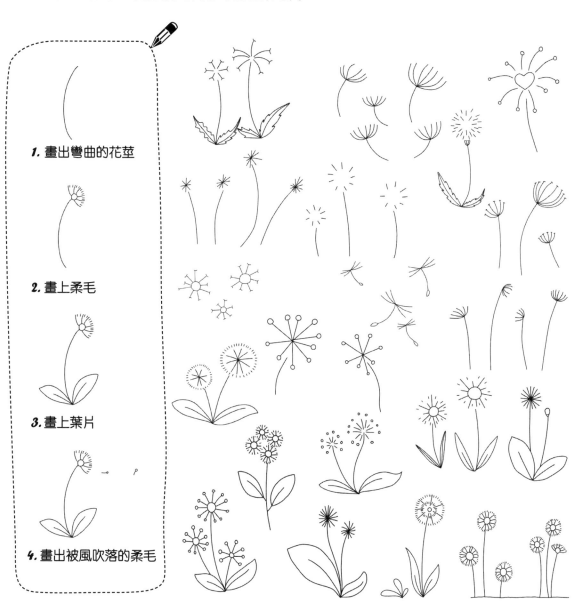

1. 畫出彎曲的花莖

2. 畫上柔毛

3. 畫上葉片

4. 畫出被風吹落的柔毛

三色堇

三色堇因其每朵花有黃、白、紫三種顏色而得名。

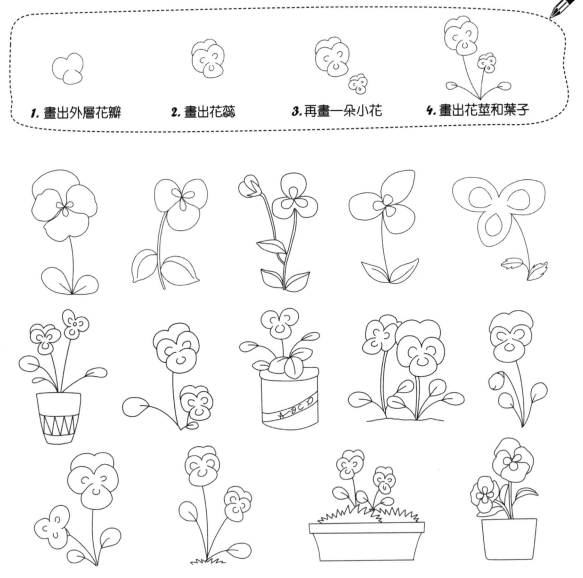

1. 畫出外層花瓣

2. 畫出花蕊

3. 再畫一朵小花

4. 畫出花莖和葉子

三葉草

一般的三葉草有三片心形的小葉子，傳說四片葉子的三葉草是幸運的象徵。

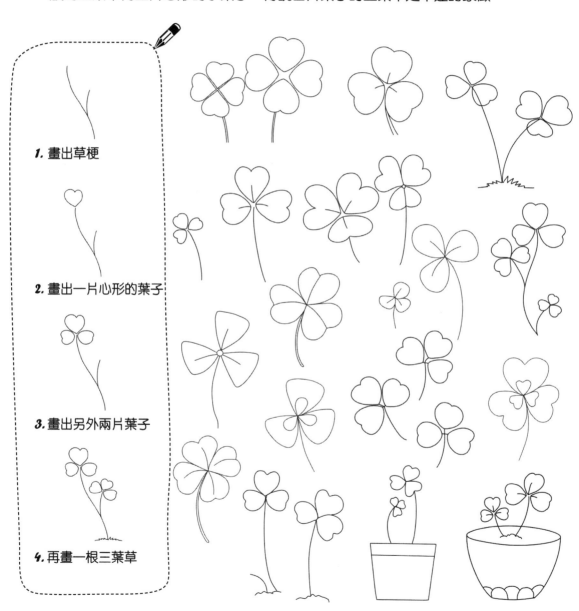

1. 畫出草梗

2. 畫出一片心形的葉子

3. 畫出另外兩片葉子

4. 再畫一根三葉草

散尾葵

散尾葵的葉片細長，葉子頂端光滑而柔軟。

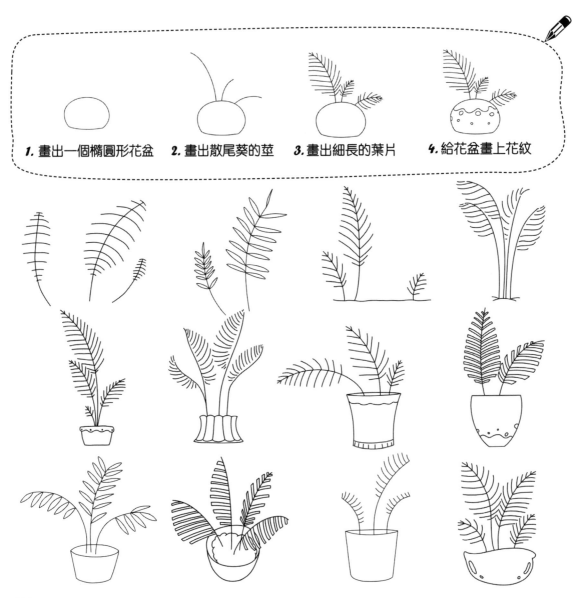

1. 畫出一個橢圓形花盆　2. 畫出散尾葵的莖　3. 畫出細長的葉片　4. 給花盆畫上花紋

石蒜

石蒜火紅的花瓣向外反卷，花蕊伸出花瓣外，煞是好看。

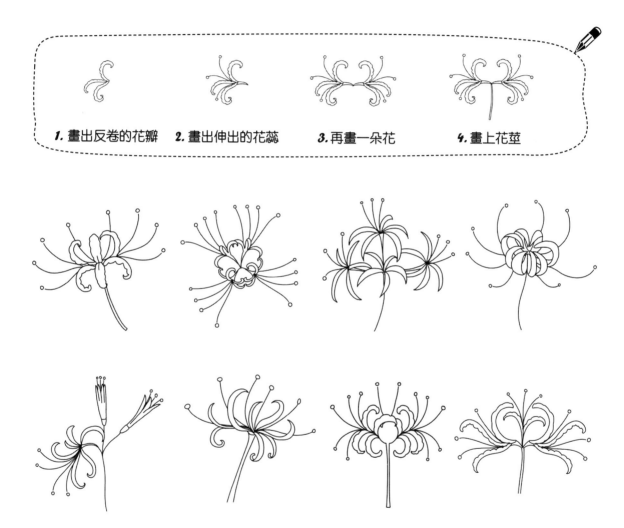

1. 畫出反卷的花瓣　**2.** 畫出伸出的花蕊　**3.** 再畫一朵花　**4.** 畫上花莖

石榴花

橙紅色的石榴花多被視為是子孫滿堂和成熟美麗的象徵。

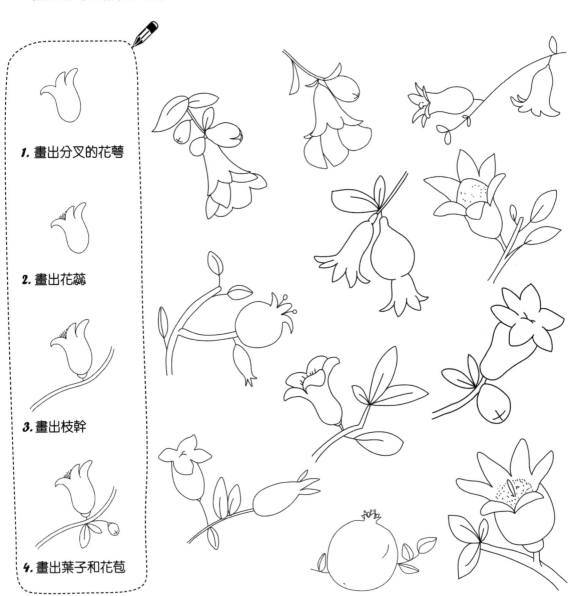

1. 畫出分叉的花萼

2. 畫出花蕊

3. 畫出枝幹

4. 畫出葉子和花苞

石竹

石竹最為獨特的是其花瓣先端有細小的缺口。

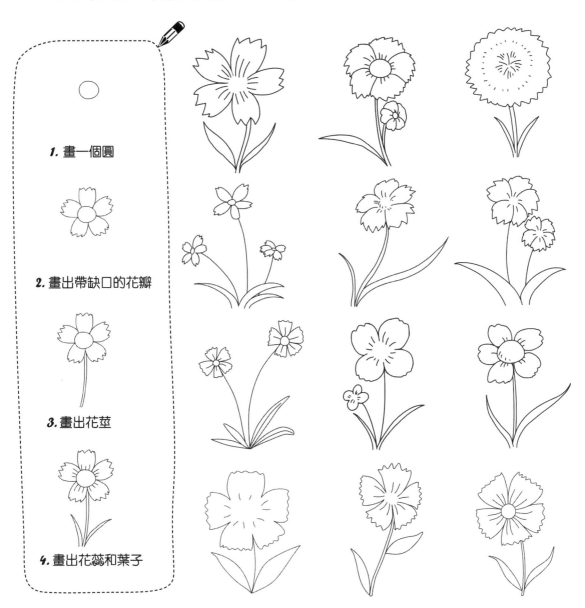

1. 畫一個圓

2. 畫出帶缺口的花瓣

3. 畫出花莖

4. 畫出花蕊和葉子

樹葉

樹葉的形狀不一，有橢圓形、掌狀、扇形等形狀。

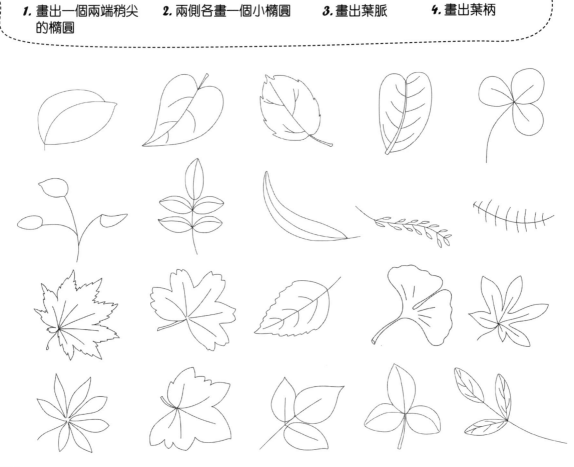

1. 畫出一個兩端稍尖的橢圓

2. 兩側各畫一個小橢圓

3. 畫出葉脈

4. 畫出葉柄

水仙花

美麗的水仙花在冬季至春季開花，是中國十大名花之一。

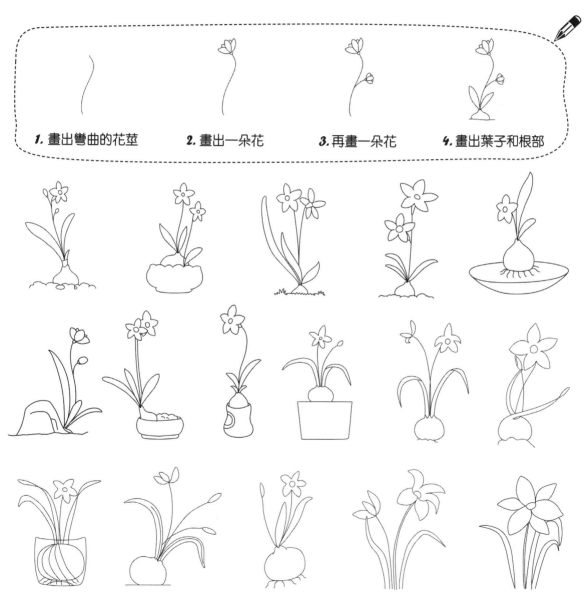

1. 畫出彎曲的花莖　　2. 畫出一朵花　　3. 再畫一朵花　　4. 畫出葉子和根部

松樹

蒼勁的松樹是堅韌不拔的象徵，它們有扇形的樹冠和針狀的葉子。

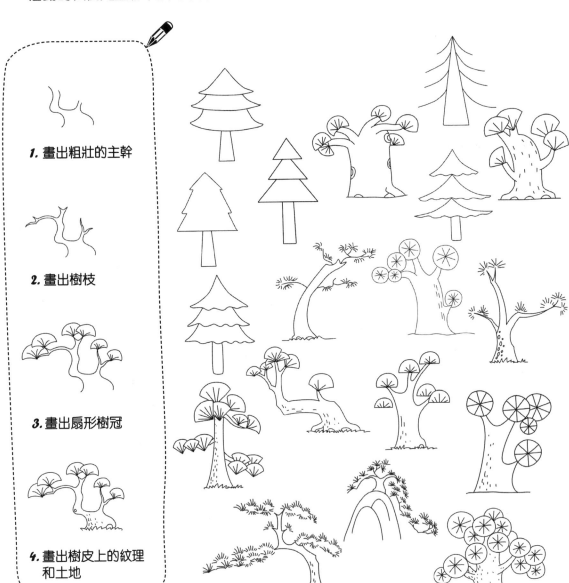

1. 畫出粗壯的主幹

2. 畫出樹枝

3. 畫出扇形樹冠

4. 畫出樹皮上的紋理
   和土地

荼蘼

荼蘼的花朵能散發出濃郁的芳香，是提煉香精的良好原料。

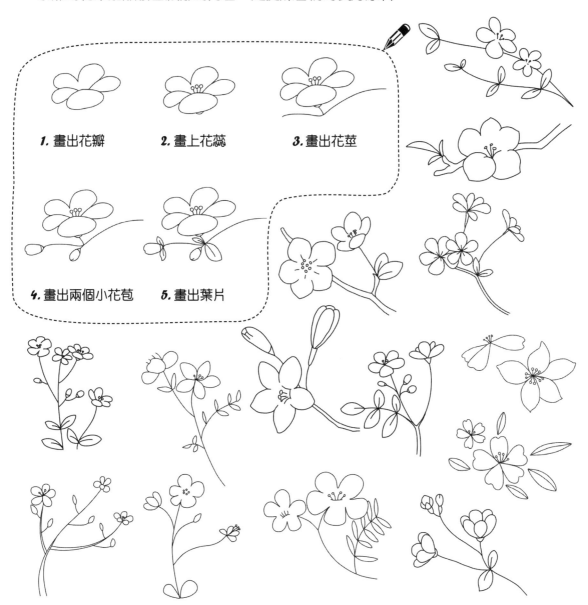

1. 畫出花瓣

2. 畫上花蕊

3. 畫出花莖

4. 畫出兩個小花苞

5. 畫出葉片

仙客來

仙客來在秋冬季節開花，常被用來作為冬季饋贈的禮物。

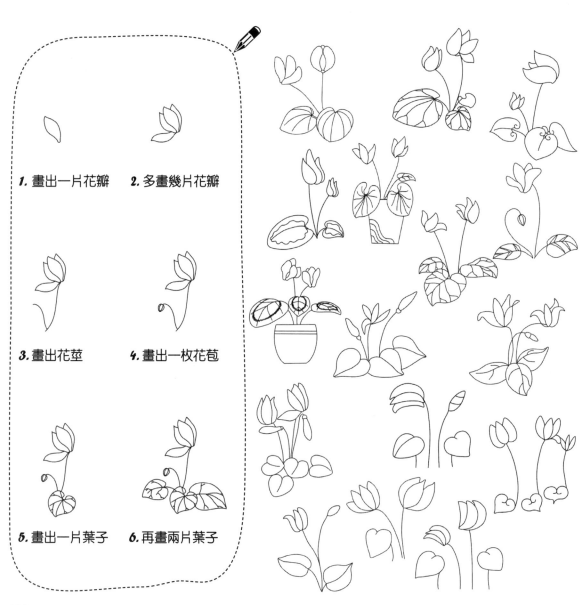

1. 畫出一片花瓣　　*2.* 多畫幾片花瓣

3. 畫出花莖　　*4.* 畫出一枚花苞

5. 畫出一片葉子　　*6.* 再畫兩片葉子

仙人掌

仙人掌多生長在乾旱的沙漠地帶,莖像手掌,上多有短刺。

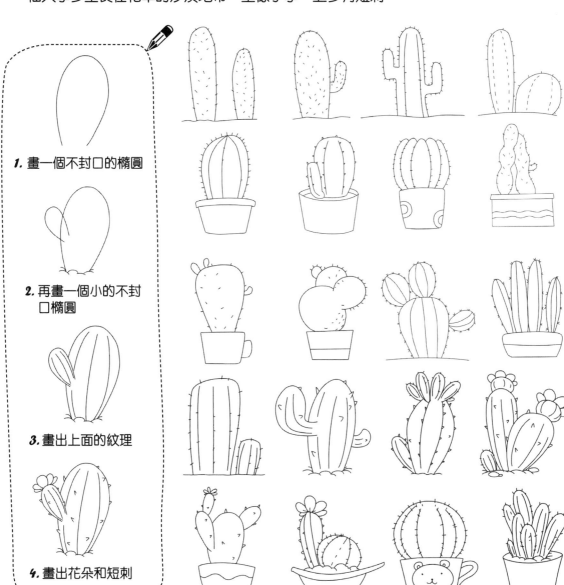

1. 畫一個不封口的橢圓

2. 再畫一個小的不封口橢圓

3. 畫出上面的紋理

4. 畫出花朵和短刺

向日葵

向日葵總是繞著太陽轉，那開放的花朵就像是一張張的笑臉。

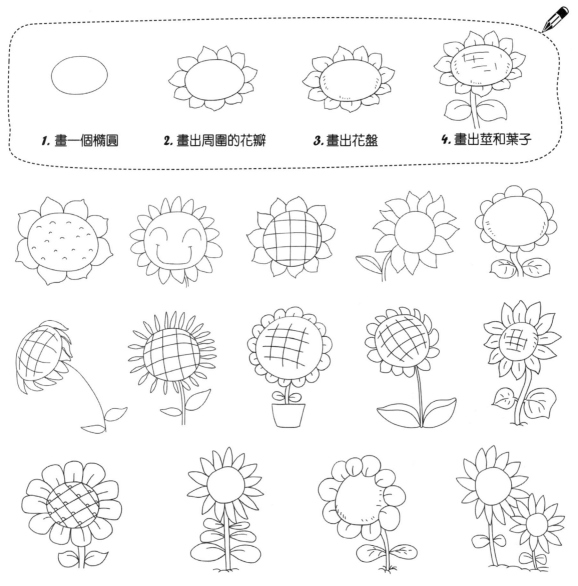

1. 畫一個橢圓　　2. 畫出周圍的花瓣　　3. 畫出花盤　　4. 畫出莖和葉子

薰衣草

優雅的薰衣草散發出迷人的香味,是製作香料的好材料。

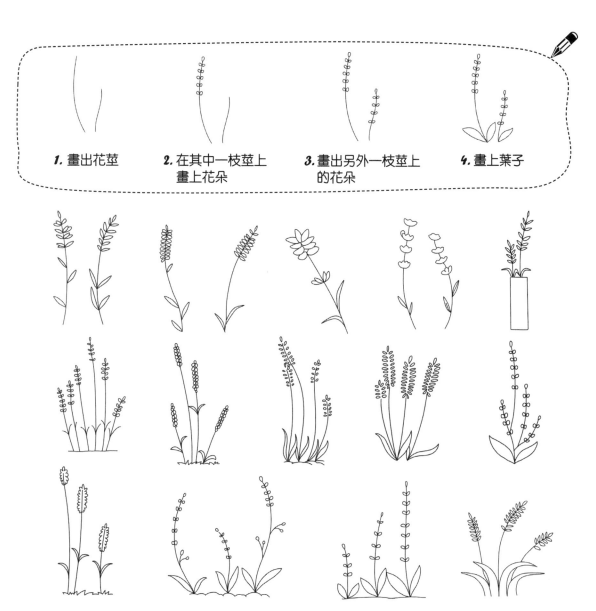

1. 畫出花莖

2. 在其中一枝莖上畫上花朵

3. 畫出另外一枝莖上的花朵

4. 畫上葉子

椰子樹

椰子樹是一種常見的熱帶果樹，椰子汁甘甜可口，是優良的天然飲品。

1. 畫出粗壯的樹幹和土地

2. 畫上葉子

3. 畫出果實

4. 畫出樹幹上的紋理

一串紅

一串紅小巧的花朵不僅有紅色，還有白色、紫色等多種顏色。

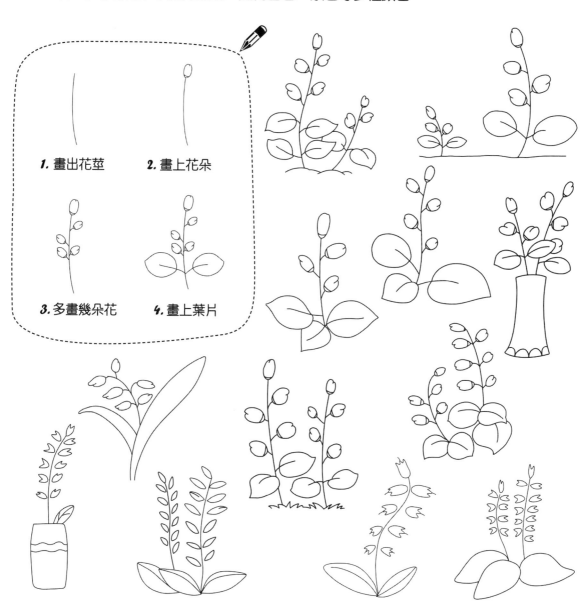

1. 畫出花莖
2. 畫上花朵
3. 多畫幾朵花
4. 畫上葉片

銀蓮花

銀蓮花的花朵多彩豔麗，可以用來裝飾庭院和室內。

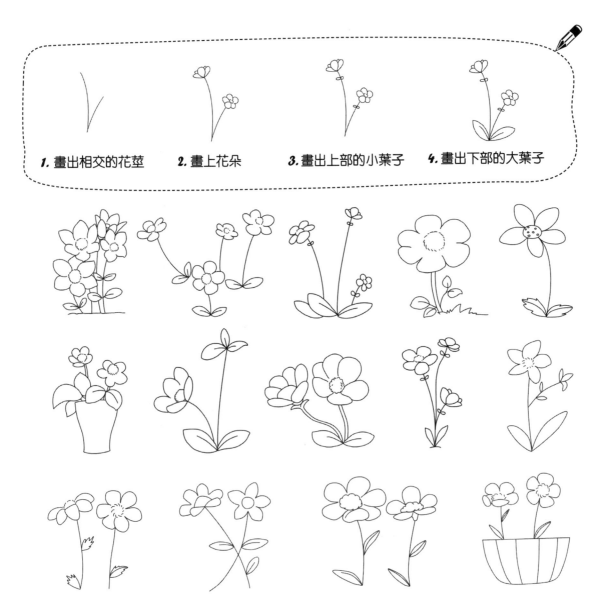

1. 畫出相交的花莖　　2. 畫上花朵　　3. 畫出上部的小葉子　　4. 畫出下部的大葉子

銀杏

銀杏樹壽命極長，它的葉子形狀獨特，每片葉子都像是一把小扇子。

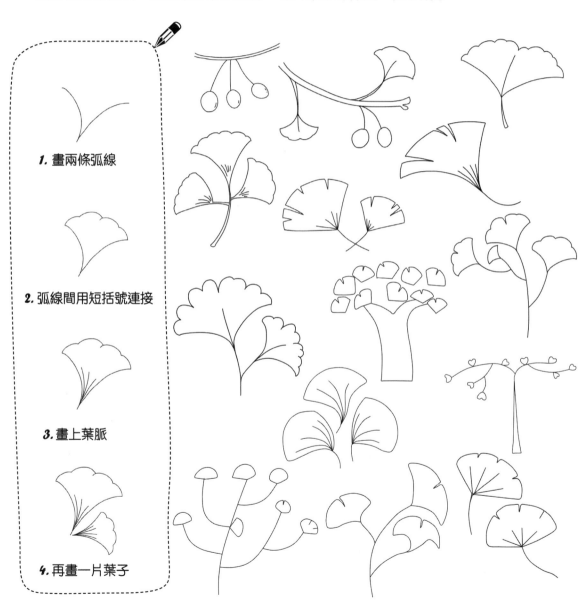

1. 畫兩條弧線

2. 弧線間用短括號連接

3. 畫上葉脈

4. 再畫一片葉子

櫻花

櫻花是日本的國花，它們的花期一般較短，花瓣多為粉紅色或白色。

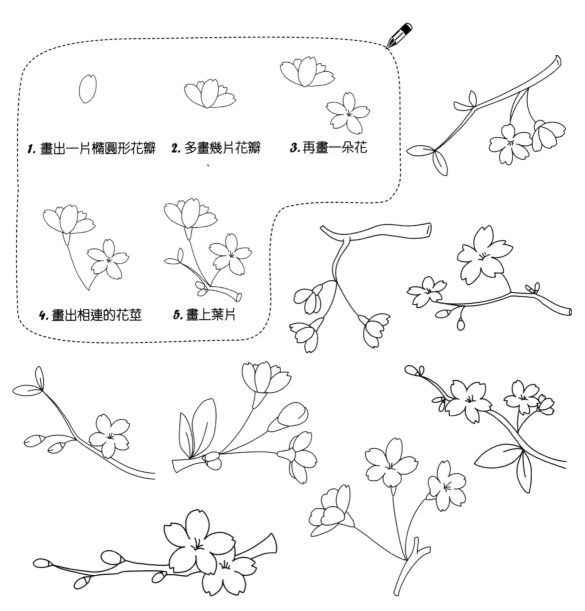

1. 畫出一片橢圓形花瓣　　2. 多畫幾片花瓣　　3. 再畫一朵花

4. 畫出相連的花莖　　5. 畫上葉片

虞美人

花色豔麗的虞美人，是一種有止痛、安眠功效的藥用植物。

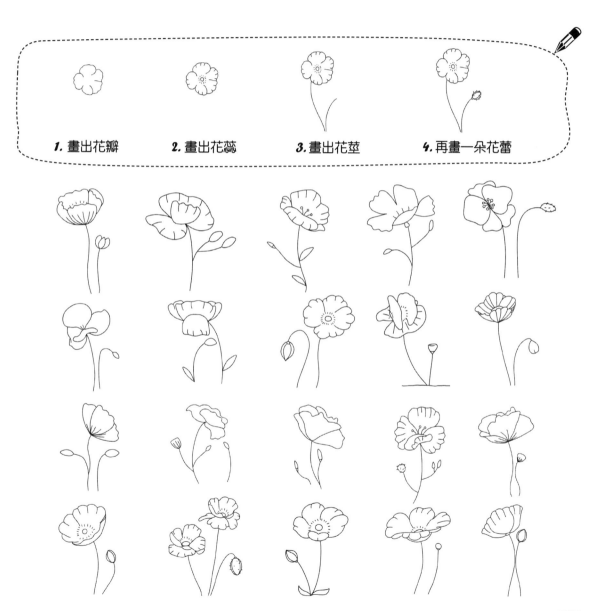

1. 畫出花瓣　　**2.** 畫出花蕊　　**3.** 畫出花莖　　**4.** 再畫一朵花蕾

玉蘭

淡雅高潔的玉蘭一般先開花再長葉。

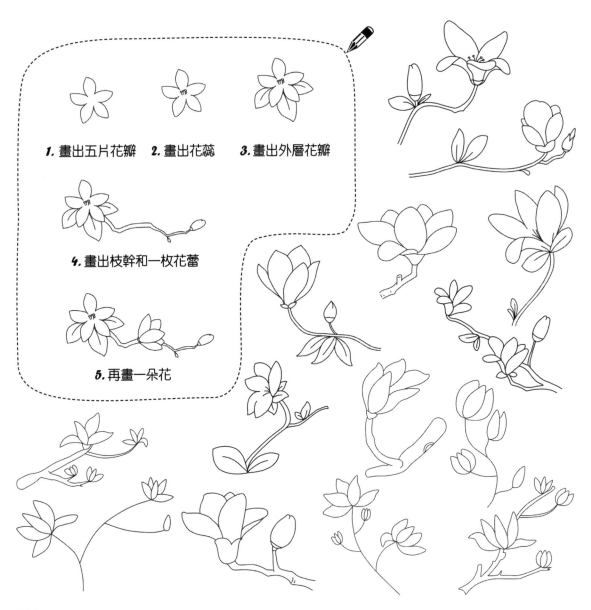

1. 畫出五片花瓣　　2. 畫出花蕊　　3. 畫出外層花瓣

4. 畫出枝幹和一枚花蕾

5. 再畫一朵花

鬱金香

鬱金香是荷蘭和土耳其的國花，芳香艷麗而又顏色多樣。

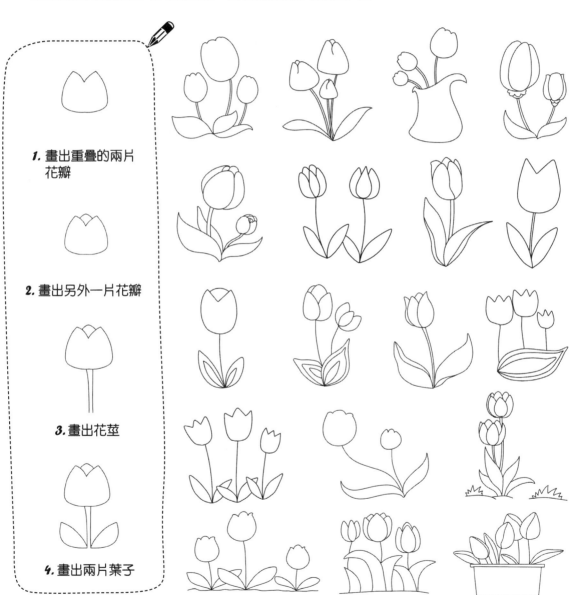

1. 畫出重疊的兩片花瓣

2. 畫出另外一片花瓣

3. 畫出花莖

4. 畫出兩片葉子

豬籠草

豬籠草有一個上部呈圓筒形、下部稍膨大的帶有蓋子的捕蟲籠。

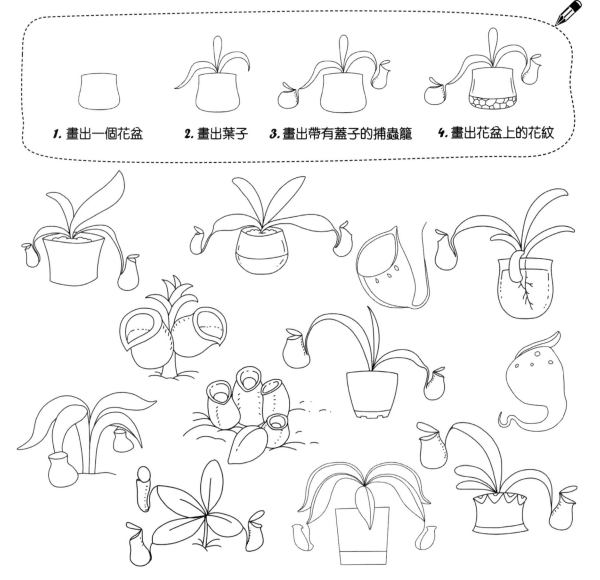

1. 畫出一個花盆　　2. 畫出葉子　　3. 畫出帶有蓋子的捕蟲籠　　4. 畫出花盆上的花紋

竹

竹與松、梅並譽為「歲寒三友」，是無數文人墨客爭相吟誦的對象。

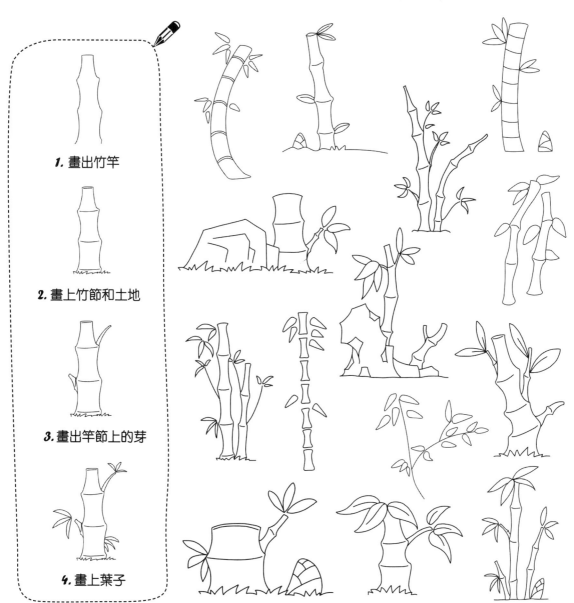

1. 畫出竹竿

2. 畫上竹節和土地

3. 畫出竿節上的芽

4. 畫上葉子

竹芋

竹芋怕寒冷，因此多生長在高溫多濕的地方，寬大的葉片上葉脈明顯。

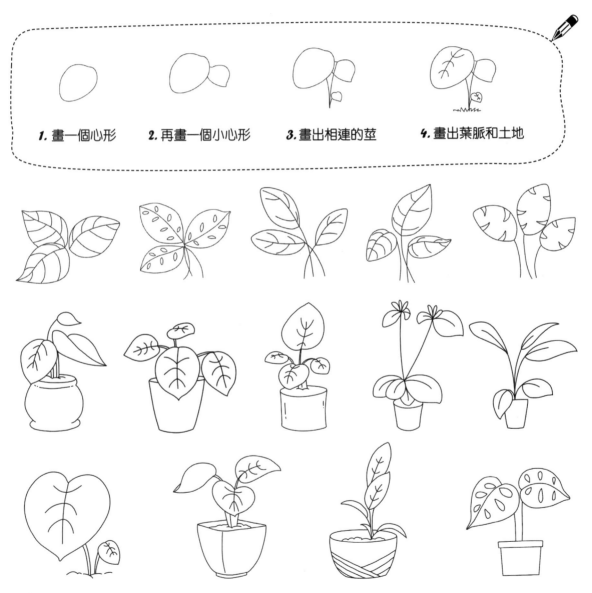

1. 畫一個心形　　2. 再畫一個小心形　　3. 畫出相連的莖　　4. 畫出葉脈和土地

第六章
自然

無論是絢麗的彩虹，還是令人驚恐的雷電；
無論是飄渺的雲朵，還是奔騰的瀑布⋯⋯
變幻的自然總能在不經意間帶給
我們不一樣的驚喜。

海邊

海邊總是有諸多遊客嬉戲流連，海邊的落日最是美麗！

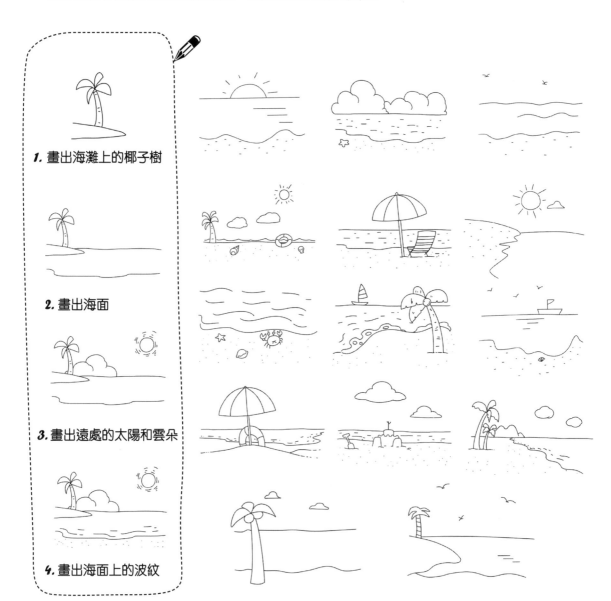

1. 畫出海灘上的椰子樹

2. 畫出海面

3. 畫出遠處的太陽和雲朵

4. 畫出海面上的波紋

河流

河流是自然界中的天然水道，每條河可分為上游、中游和下游三段。

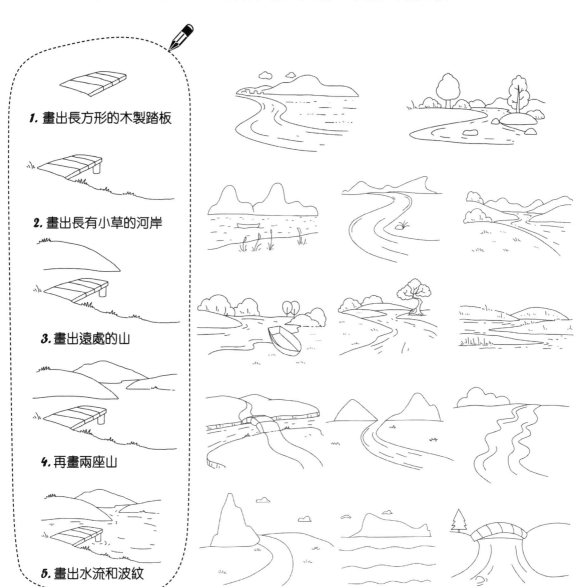

1. 畫出長方形的木製踏板

2. 畫出長有小草的河岸

3. 畫出遠處的山

4. 再畫兩座山

5. 畫出水流和波紋

雷電

雷電是一種伴隨著雷聲和閃電的自然現象。

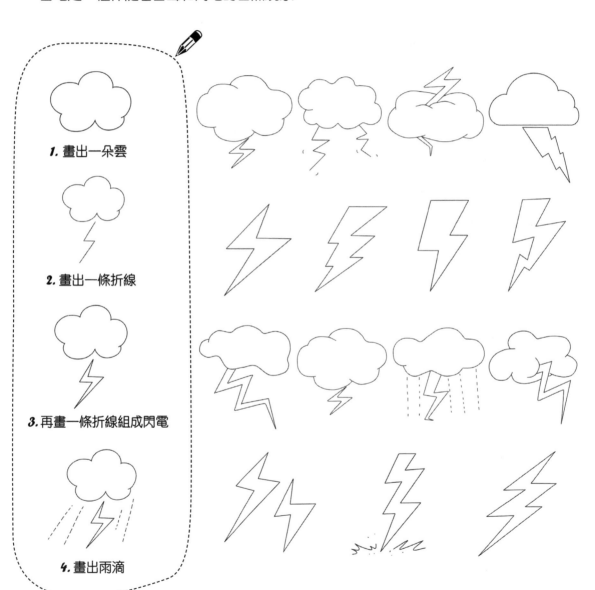

1. 畫出一朵雲

2. 畫出一條折線

3. 再畫一條折線組成閃電

4. 畫出雨滴

瀑布

瀑布是水流從高空垂直落下形成的波瀾壯闊的自然景觀。

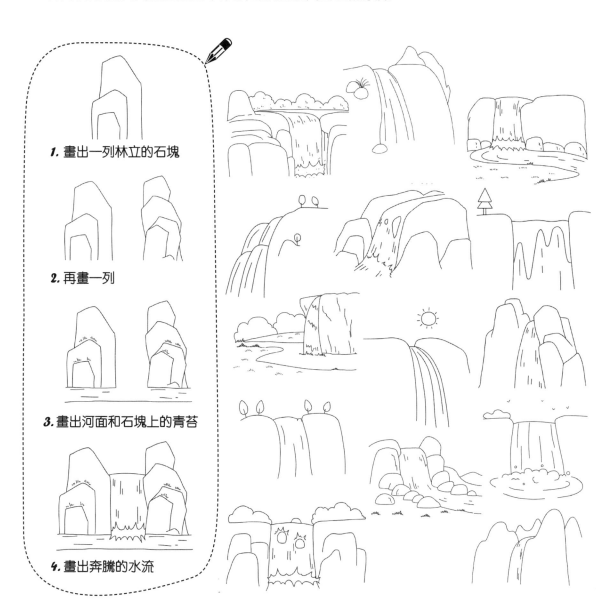

1. 畫出一列林立的石塊

2. 再畫一列

3. 畫出河面和石塊上的青苔

4. 畫出奔騰的水流

沙漠

沙漠上氣候乾燥少水，很少有植物生長。

1. 畫出一條折線　　2. 再畫一條蜿蜒的線　　3. 多畫幾條曲線　　4. 畫上太陽和一簇植物

石頭

石頭的外觀形狀不一，可以組成不同風格的景致。

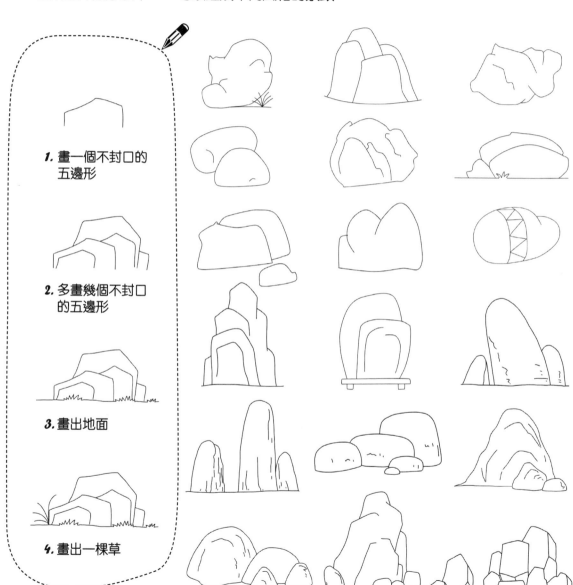

1. 畫一個不封口的五邊形

2. 多畫幾個不封口的五邊形

3. 畫出地面

4. 畫出一棵草

森林

茂密的森林是由一棵棵挺拔的樹木組成的。

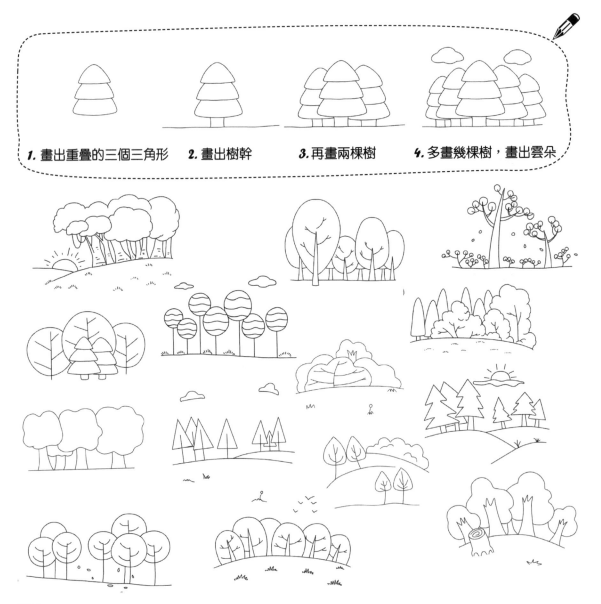

1. 畫出重疊的三個三角形　　2. 畫出樹幹　　3. 再畫兩棵樹　　4. 多畫幾棵樹，畫出雲朵

太陽

太陽是太陽系唯一能發光的天體，是地球上萬物生存的依賴和保障。

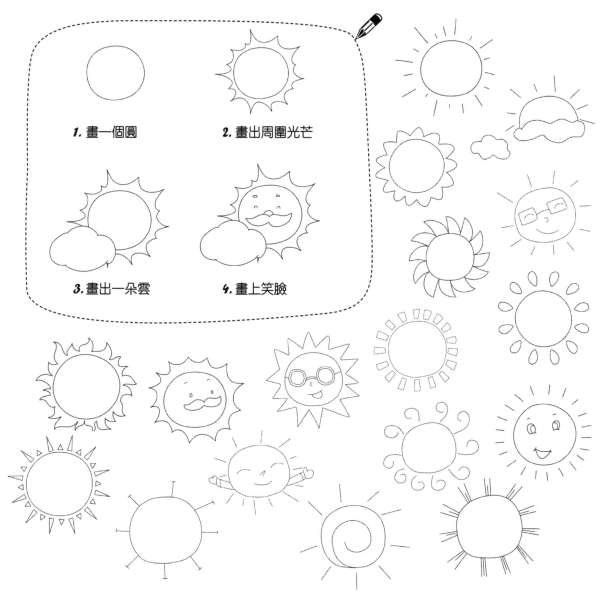

1. 畫一個圓

2. 畫出周圍光芒

3. 畫出一朵雲

4. 畫上笑臉

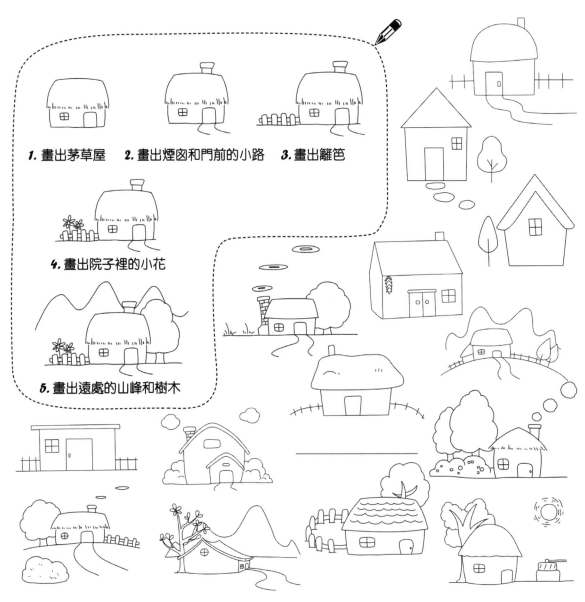

鄉村

嬝嬝的炊煙、青青的籬笆，無一不昭示著鄉村的寧靜古樸。

1. 畫出茅草屋　　**2.** 畫出煙囪和門前的小路　　**3.** 畫出籬笆

4. 畫出院子裡的小花

5. 畫出遠處的山峰和樹木

星星

夜晚，天空中的星星一閃一閃，就像是在沖著人們眨眼睛。

1. 畫一個五角星　　2. 畫出笑臉　　3. 畫出帽子　　4. 畫出遠方的星星

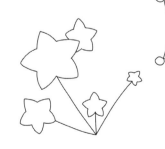 

 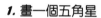

雪

雪花多呈六邊形，是空氣中的水分凝結然後下落的自然現象。

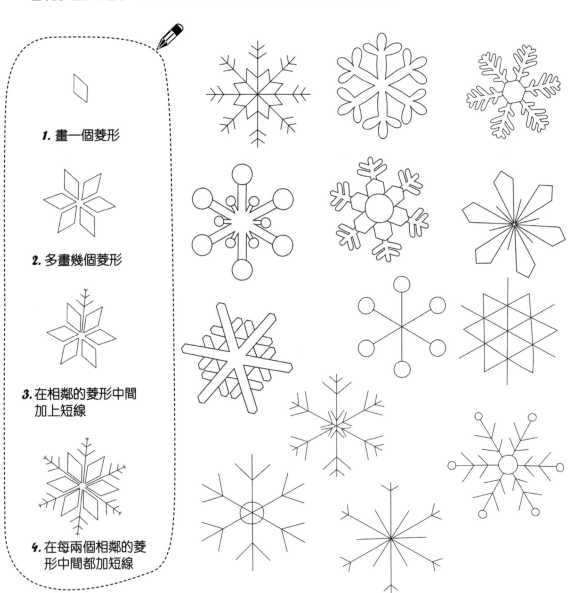

1. 畫一個菱形

2. 多畫幾個菱形

3. 在相鄰的菱形中間加上短線

4. 在每兩個相鄰的菱形中間都加短線

雨

雨是自然界中的水蒸氣遇冷液化的結果，是自然界萬物生存的重要資源。

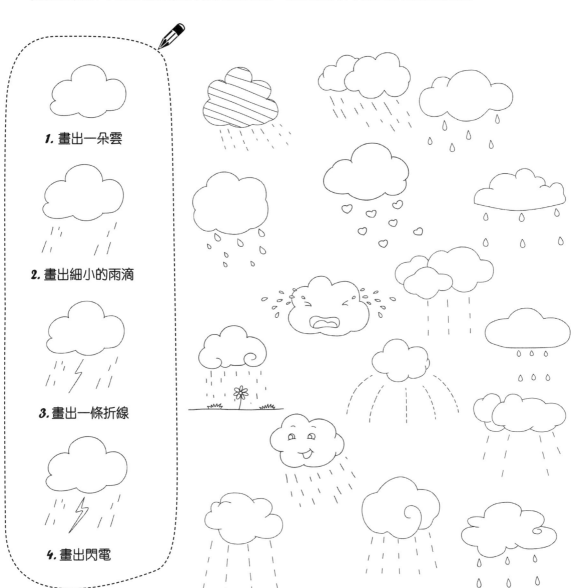

1. 畫出一朵雲

2. 畫出細小的雨滴

3. 畫出一條折線

4. 畫出閃電

山

山是指自然界中高出地面的部分，因其高度的不同又分為低山、中山和高山。

1. 畫一條彎曲的弧線　　2. 多畫幾條曲線　　3. 再畫一座小山　　4. 畫出太陽

月亮

月亮也就是月球，是人類能親身抵達的第二個星球。

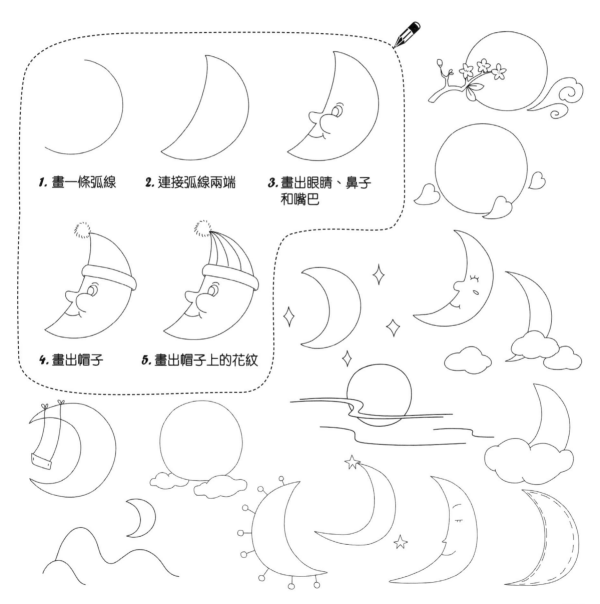

1. 畫一條弧線

2. 連接弧線兩端

3. 畫出眼睛、鼻子和嘴巴

4. 畫出帽子

5. 畫出帽子上的花紋

雲

天空中的雲可以不停地變幻從而組成不同的形狀，變化無窮。

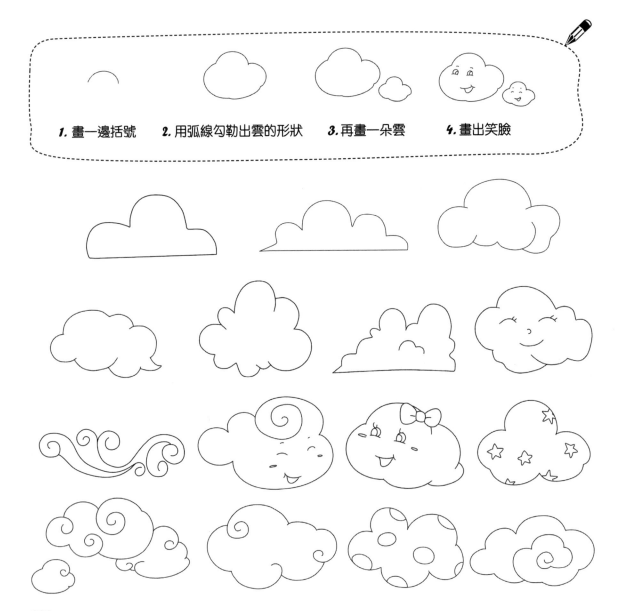

1. 畫一邊括號　　2. 用弧線勾勒出雲的形狀　　3. 再畫一朵雲　　4. 畫出笑臉

星球

星球是宇宙中的球狀天體，主要可以分為恒星和行星兩大類。

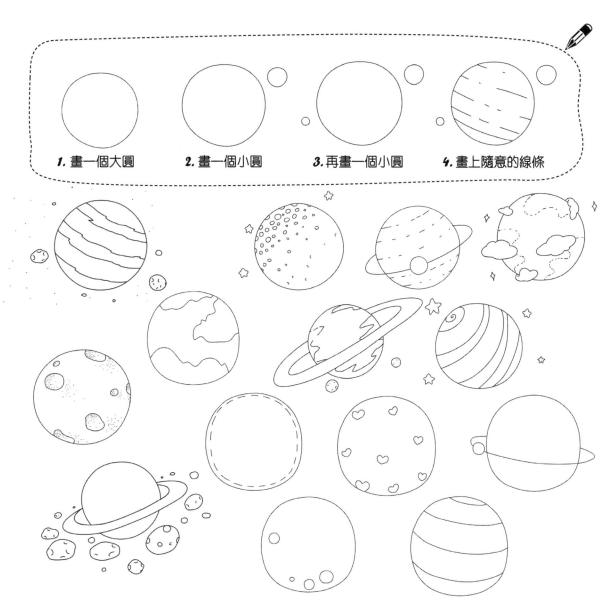

1. 畫一個大圓
2. 畫一個小圓
3. 再畫一個小圓
4. 畫上隨意的線條

火

火在生活中的應用十分廣泛，用火可以燒出可口的飯菜、冶煉出鋒利的兵器等。

1. 畫一個圓柱　　**2.** 再畫兩個圓柱　　**3.** 畫出木頭上的紋理　　**4.** 畫出燃燒的火焰

彩虹

太陽光經過折射和反射,在天空中形成的拱形七彩光譜就被人們稱之為彩虹。彩虹的形成是一種光學現象。

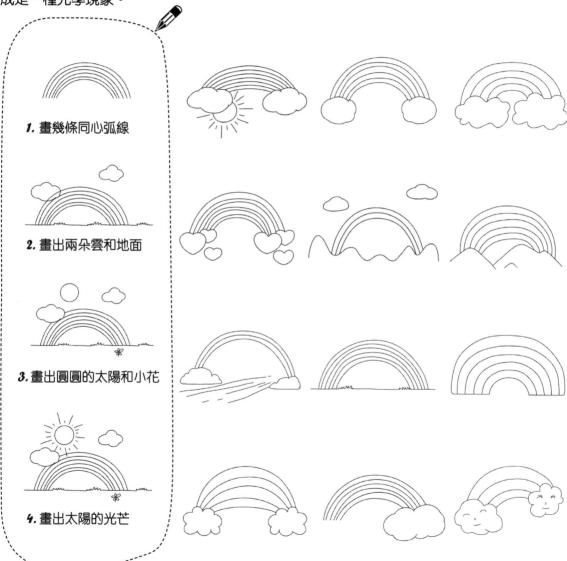

1. 畫幾條同心弧線

2. 畫出兩朵雲和地面

3. 畫出圓圓的太陽和小花

4. 畫出太陽的光芒

風

人們對於風這種自然現象，一般從風速和風向兩方面進行描述。

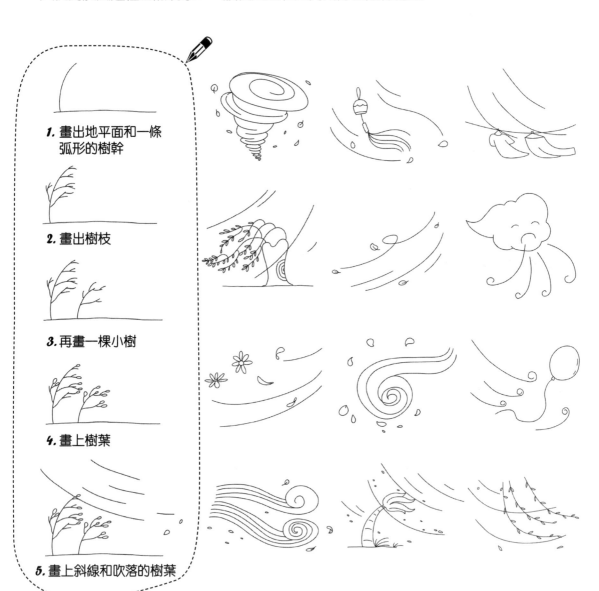

1. 畫出地平面和一條弧形的樹幹
2. 畫出樹枝
3. 再畫一棵小樹
4. 畫上樹葉
5. 畫上斜線和吹落的樹葉

第七章
交通工具

交通工具是人們生活中的代步工具，
種類繁多，包括日常生活中乘坐的巴士，
用以長途客運或貨運的火車等，這些都可以
成為我們繪畫的對象。

巴士

巴士是人們日常生活中常見的交通工具，方便是它的特點。

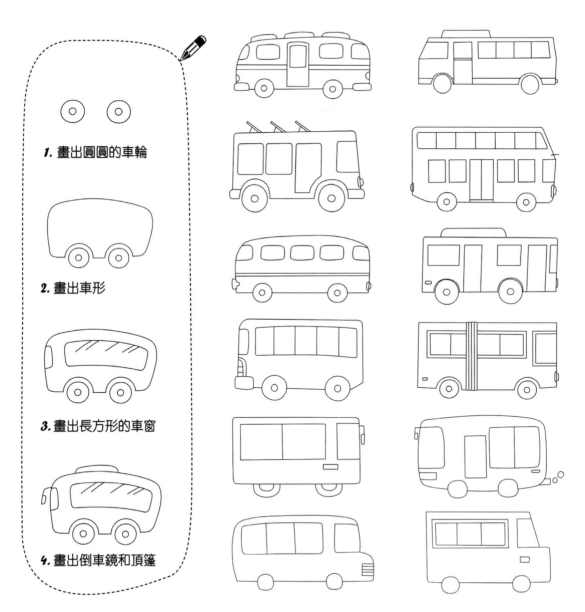

1. 畫出圓圓的車輪

2. 畫出車形

3. 畫出長方形的車窗

4. 畫出倒車鏡和頂篷

火車

火車是一個車頭連接多節車廂、用於客運或貨運的交通工具。

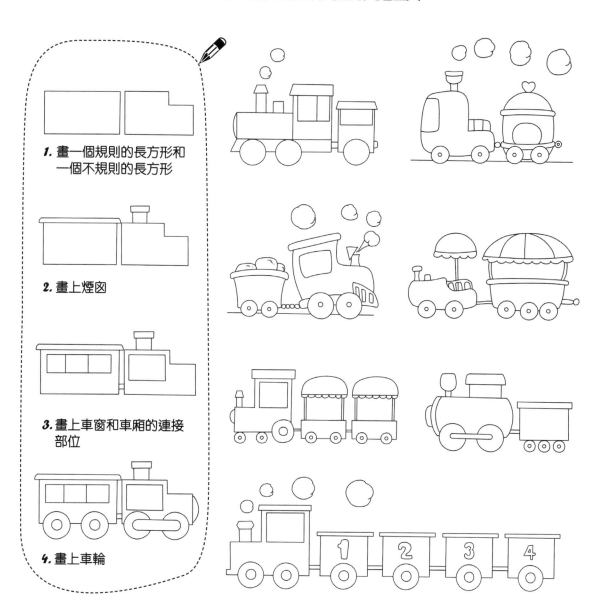

1. 畫一個規則的長方形和一個不規則的長方形

2. 畫上煙囪

3. 畫上車窗和車廂的連接部位

4. 畫上車輪

吉普車

第一輛吉普車出現在二戰期間，而後吉普車成為所有越野車的代名詞。

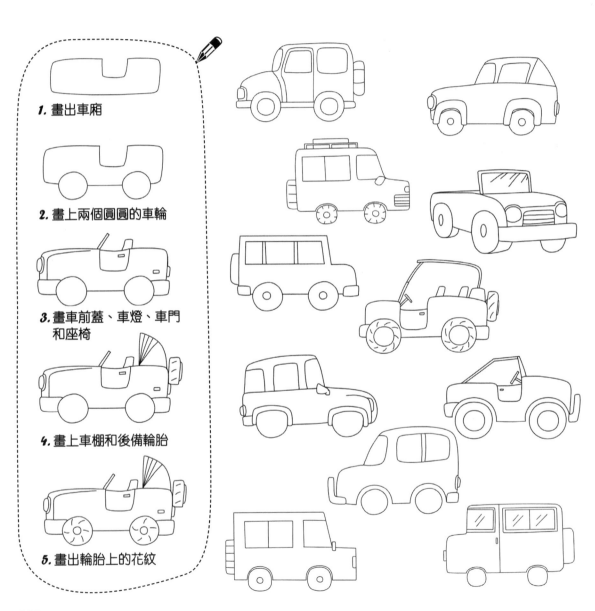

1. 畫出車廂

2. 畫上兩個圓圓的車輪

3. 畫車前蓋、車燈、車門和座椅

4. 畫上車棚和後備輪胎

5. 畫出輪胎上的花紋

警車

警車是警方用於執行巡邏時出動的車輛。

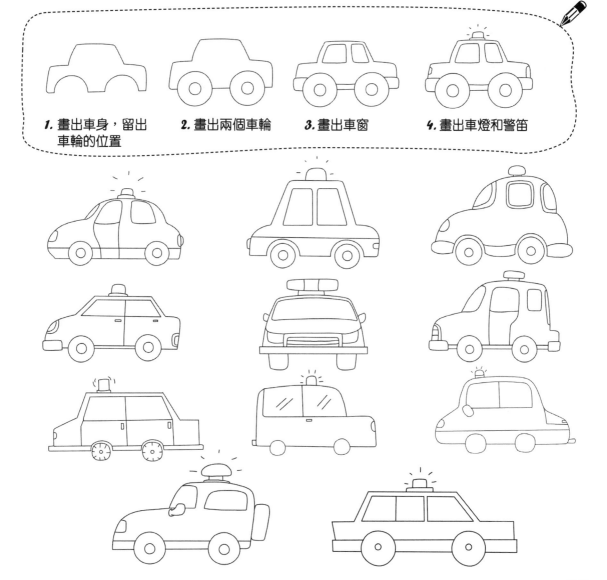

1. 畫出車身，留出車輪的位置

2. 畫出兩個車輪

3. 畫出車窗

4. 畫出車燈和警笛

救護車

救護車的車身上帶有醫院的「+」字標誌。

1. 畫出圓圓的車輪
2. 畫出車身
3. 用線分割出車身的上下兩部分
4. 畫出車燈和車窗
5. 畫上醫院的標誌

貨車

貨車的主要用途是運輸貨物，可分為重型貨車和輕型貨車兩種。

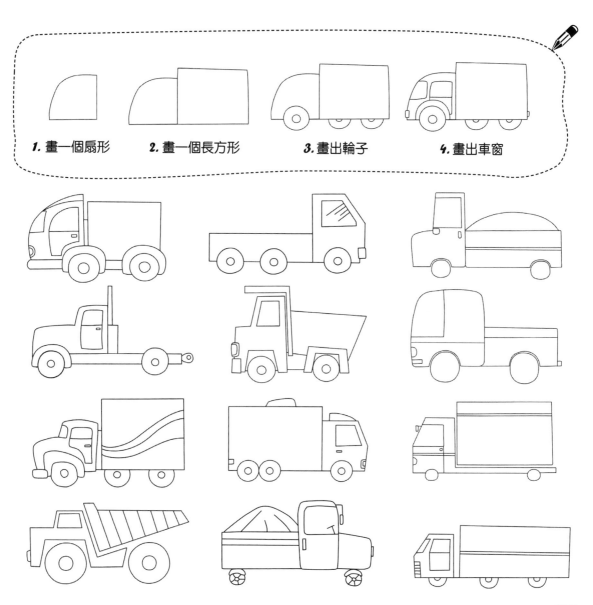

1. 畫一個扇形　　2. 畫一個長方形　　3. 畫出輪子　　4. 畫出車窗

麵包車

麵包車是由於整個車身像是一塊大麵包而得名。

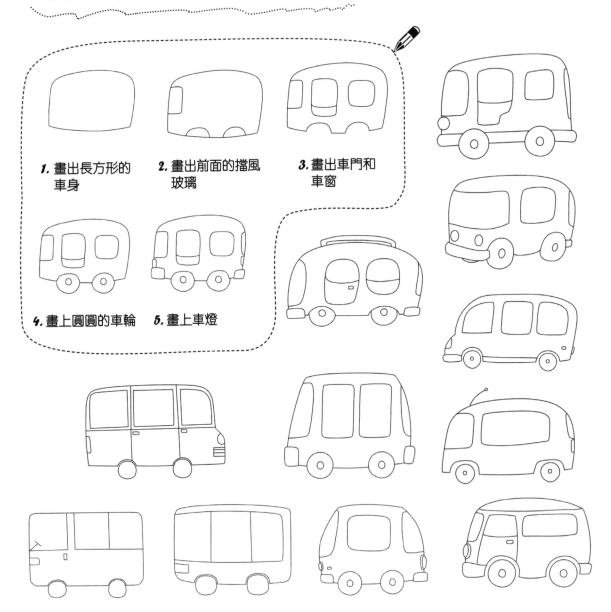

1. 畫出長方形的車身

2. 畫出前面的擋風玻璃

3. 畫出車門和車窗

4. 畫上圓圓的車輪

5. 畫上車燈

跑車

跑車最大的特點是速度快，按其車身結構的不同或價格的高低可分為不同的類型。

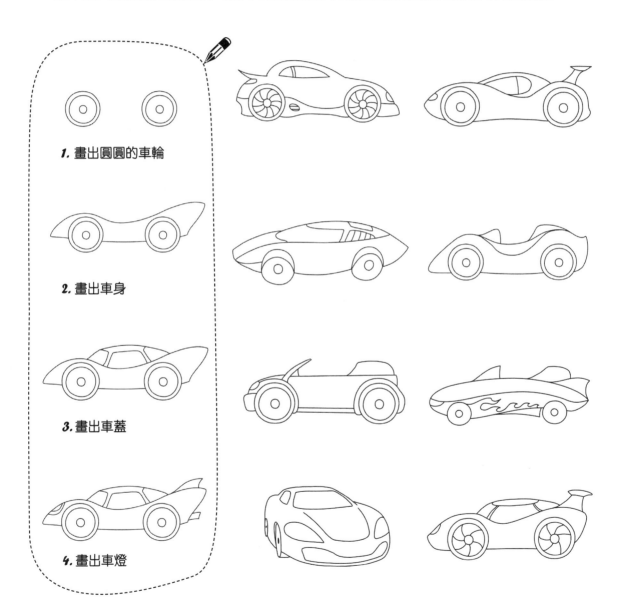

1. 畫出圓圓的車輪

2. 畫出車身

3. 畫出車蓋

4. 畫出車燈

三輪車

三輪車是指車子本身有三個輪子、用於裝貨或載人的交通工具。

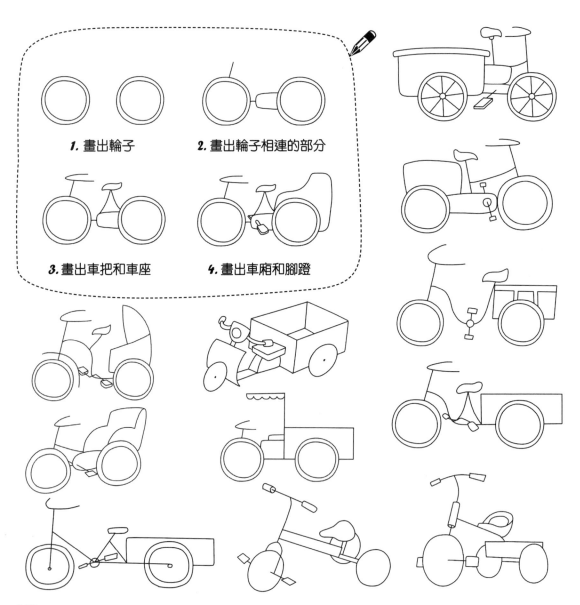

1. 畫出輪子

2. 畫出輪子相連的部分

3. 畫出車把和車座

4. 畫出車廂和腳蹬

拖拉機

拖拉機的大小各不相同，但主要都是由底盤、發動機和電器設備組成。

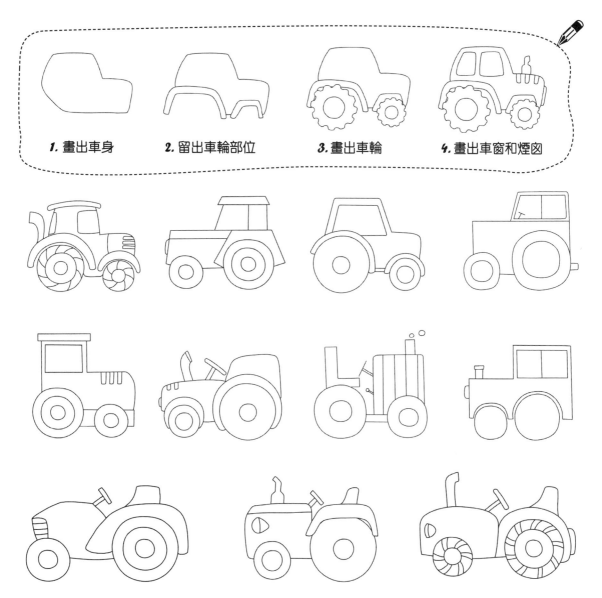

1. 畫出車身　　2. 留出車輪部位　　3. 畫出車輪　　4. 畫出車窗和煙囪

遊輪

遊輪是人們用於旅遊、遊覽的客船的統稱。一般而言，遊輪上的服務比較奢華。

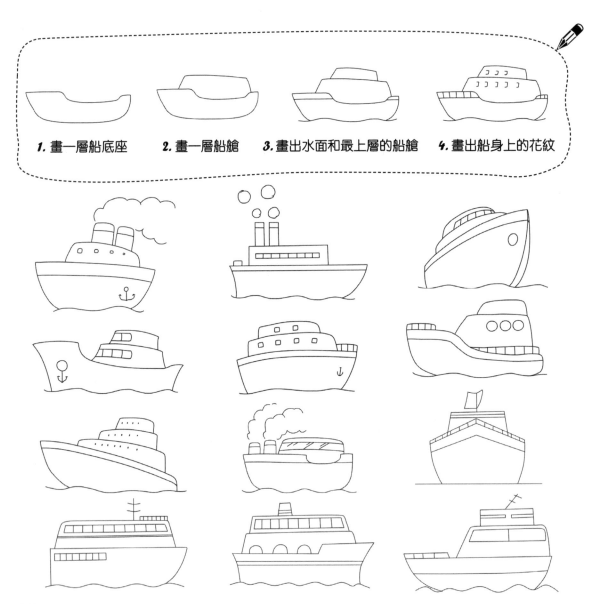

1. 畫一層船底座　　2. 畫一層船艙　　3. 畫出水面和最上層的船艙　　4. 畫出船身上的花紋

漁船

漁船是漁夫們捕魚時所用到的交通工具。

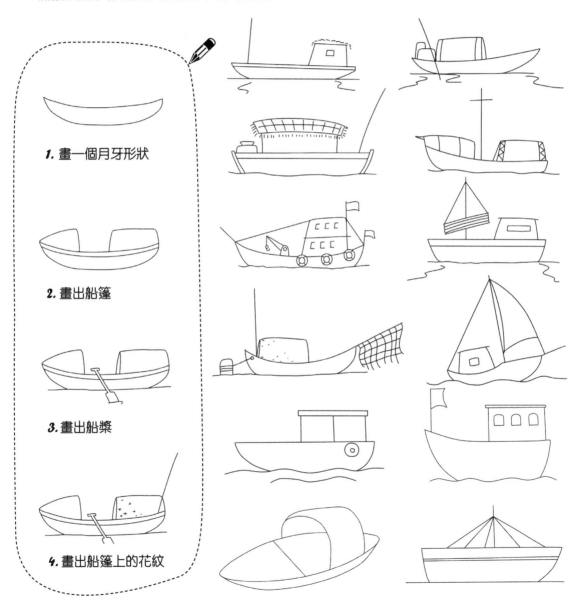

1. 畫一個月牙形狀

2. 畫出船篷

3. 畫出船槳

4. 畫出船篷上的花紋

單車

單車是一種人們生活中常用到的、便捷的代步工具。

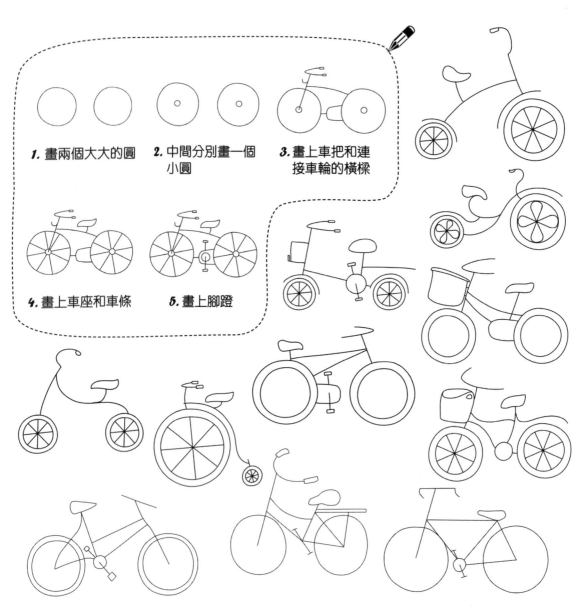

1. 畫兩個大大的圓

2. 中間分別畫一個小圓

3. 畫上車把和連接車輪的橫樑

4. 畫上車座和車條

5. 畫上腳蹬

電單車

電單車是一種靈活的、可用於賽車等的特殊交通工具。

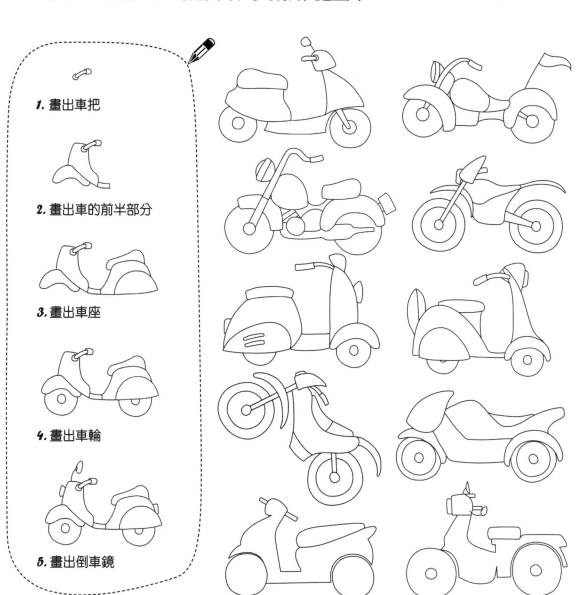

1. 畫出車把
2. 畫出車的前半部分
3. 畫出車座
4. 畫出車輪
5. 畫出倒車鏡

帆船

帆船是一種利用風力吹動風帆從而使船隻前行的交通工具。

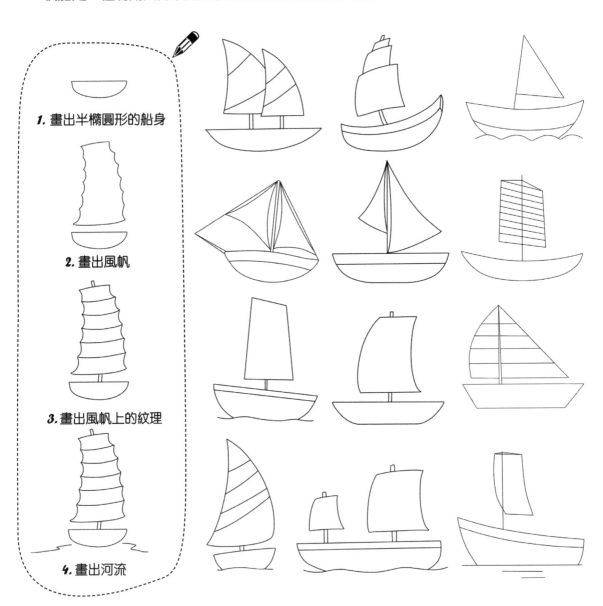

1. 畫出半橢圓形的船身

2. 畫出風帆

3. 畫出風帆上的紋理

4. 畫出河流

第八章
日常用品

生活中還有很多常用物品可以作為我們的繪畫對象，
比如美麗的髮卡、勞動時用到的鐮刀、
舒適的沙發等，快拿起手中的畫筆
將它們一一呈現吧！

沙發

沙發是一種柔軟的、帶有靠背的、可以坐多個人的椅子。

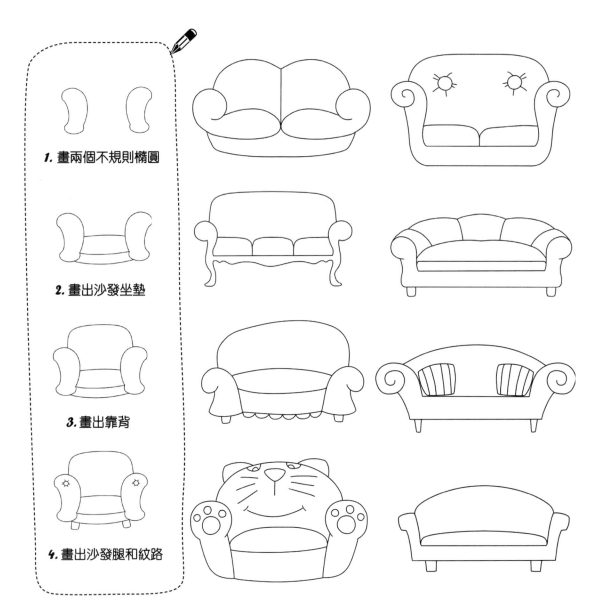

1. 畫兩個不規則橢圓

2. 畫出沙發坐墊

3. 畫出靠背

4. 畫出沙發腿和紋路

櫃子

各種各樣的櫃子由於其用途的不同，從而造型、材料各不相同。

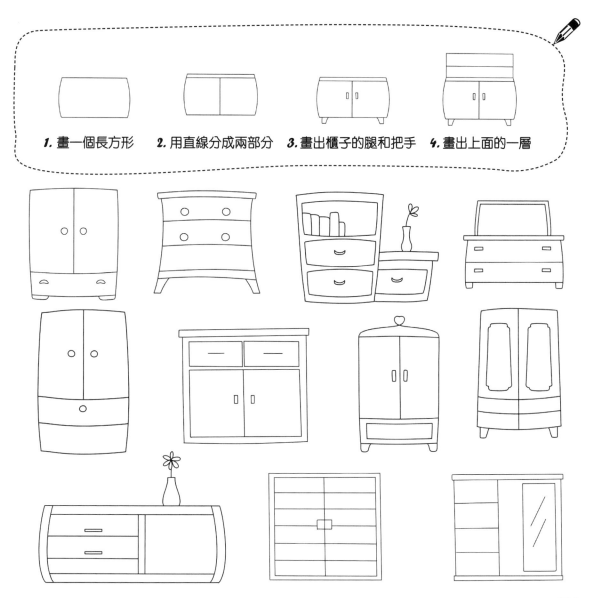

1. 畫一個長方形　2. 用直線分成兩部分　3. 畫出櫃子的腿和把手　4. 畫出上面的一層

床

床指人們生活中用於休息的一種生活用品。

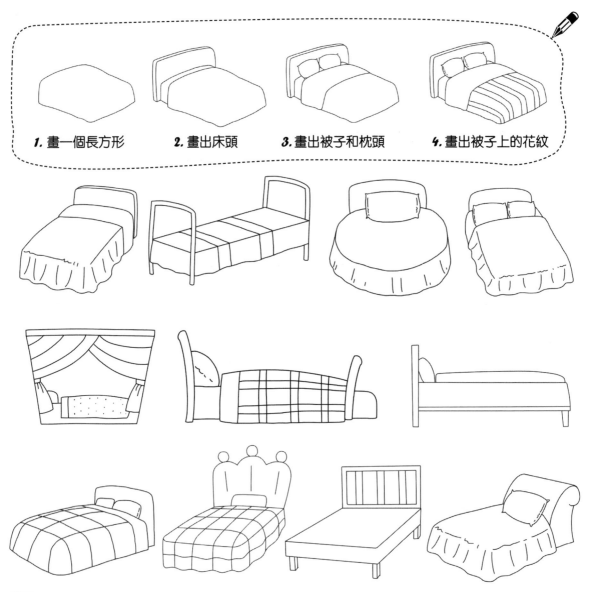

1. 畫一個長方形
2. 畫出床頭
3. 畫出被子和枕頭
4. 畫出被子上的花紋

梳粧枱

梳粧枱是人們化粧時用到的家具，因此梳粧枱最為顯著的特徵是帶有鏡子。

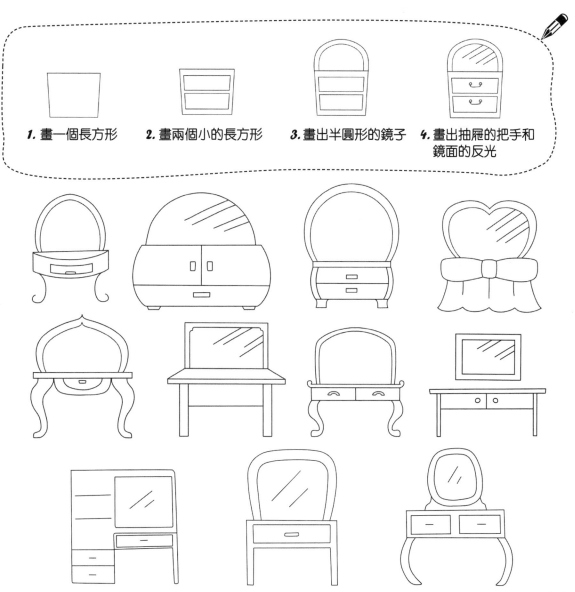

1. 畫一個長方形　　2. 畫兩個小的長方形　　3. 畫出半圓形的鏡子　　4. 畫出抽屜的把手和鏡面的反光

桌子

桌子因其材料和造型的不同，用途也不相同。

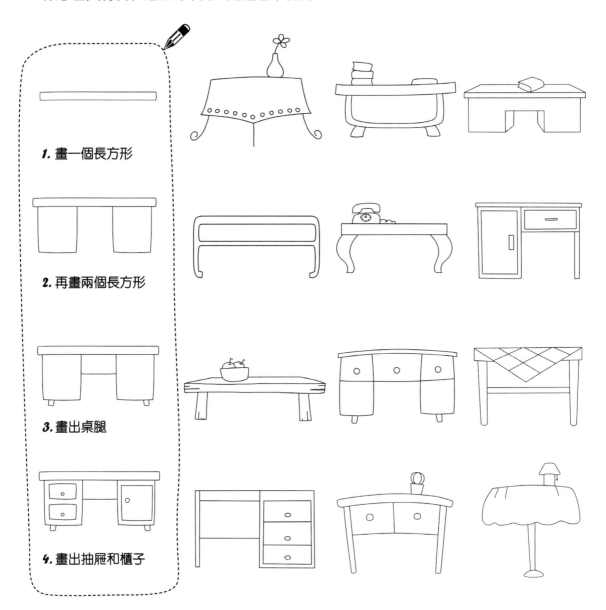

1. 畫一個長方形

2. 再畫兩個長方形

3. 畫出桌腿

4. 畫出抽屜和櫃子

椅子

椅子是人們生活中常用的傢具之一，除了最簡單的椅子外，人們還發明了較為舒適的躺椅。

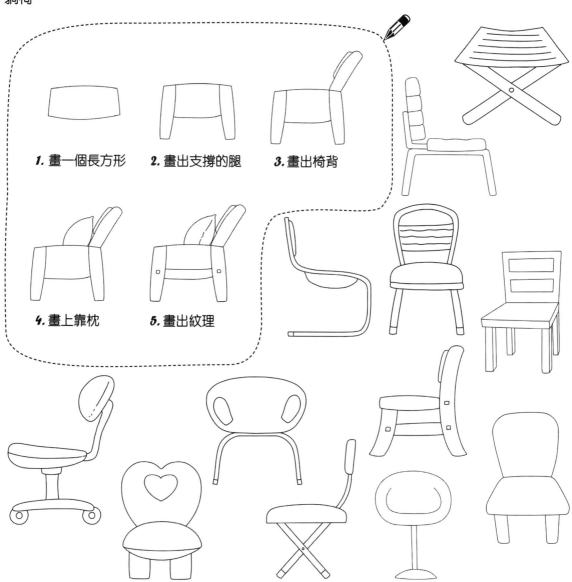

1. 畫一個長方形　　**2.** 畫出支撐的腿　　**3.** 畫出椅背

4. 畫上靠枕　　**5.** 畫出紋理

電話

電話是隨著科技發展而出現的通訊設備，可以讓相隔千里的人們進行交談。

1. 畫出長方形的話筒
2. 再畫一個長方形
3. 畫出顯示屏
4. 畫出數字鍵

風扇

風扇是人們在夏季時用於解暑通風的家用電器。

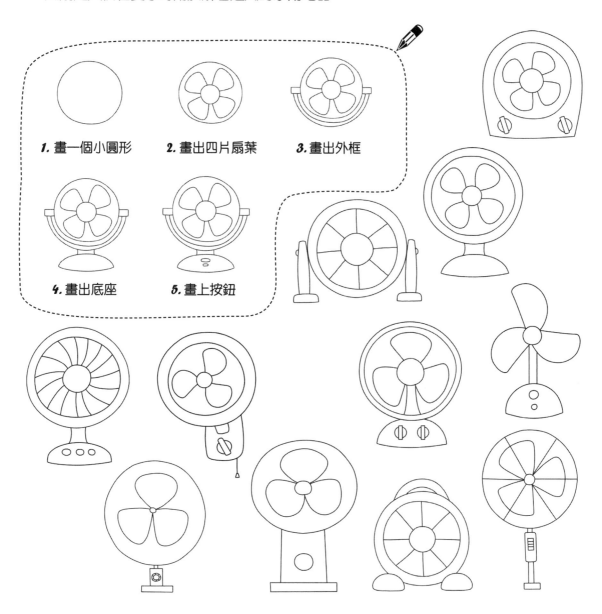

1. 畫一個小圓形

2. 畫出四片扇葉

3. 畫出外框

4. 畫出底座

5. 畫上按鈕

電視機

電視機是人們生活中常見的娛樂家電，隨著科技的發展，電視機也逐漸變得更加智能化。

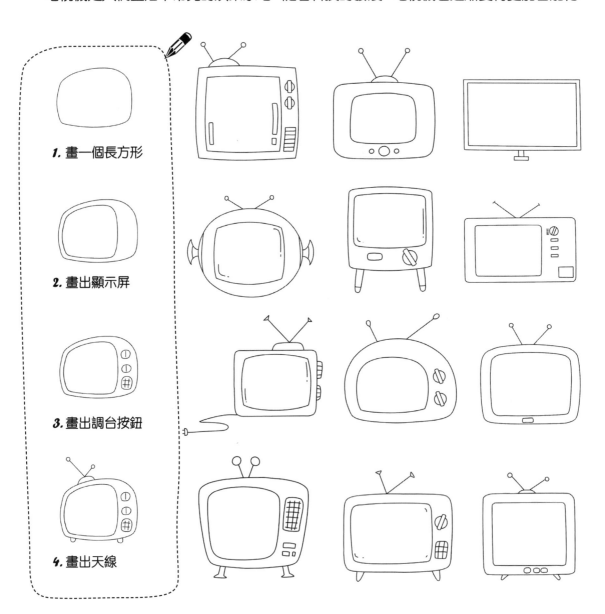

1. 畫一個長方形

2. 畫出顯示屏

3. 畫出調台按鈕

4. 畫出天線

枱燈

枱燈一般放在床頭或桌上，是人們主要用於照明的家用燈具。

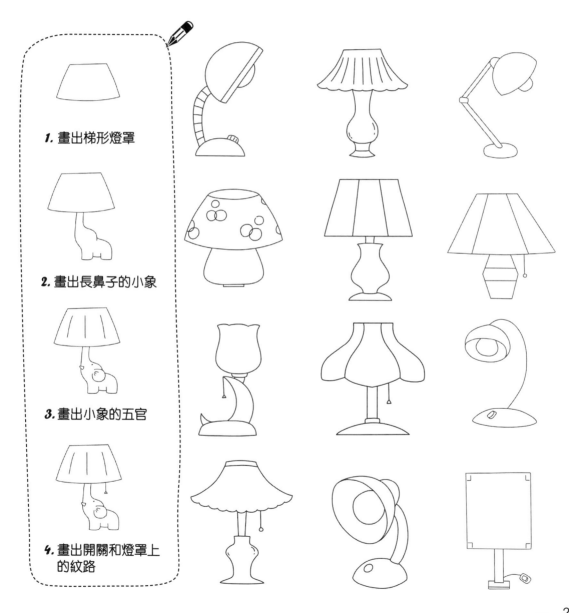

1. 畫出梯形燈罩

2. 畫出長鼻子的小象

3. 畫出小象的五官

4. 畫出開關和燈罩上的紋路

手機

手機和電話一樣，是人們生活中常使用的通訊工具，但手機比電話攜帶方便。

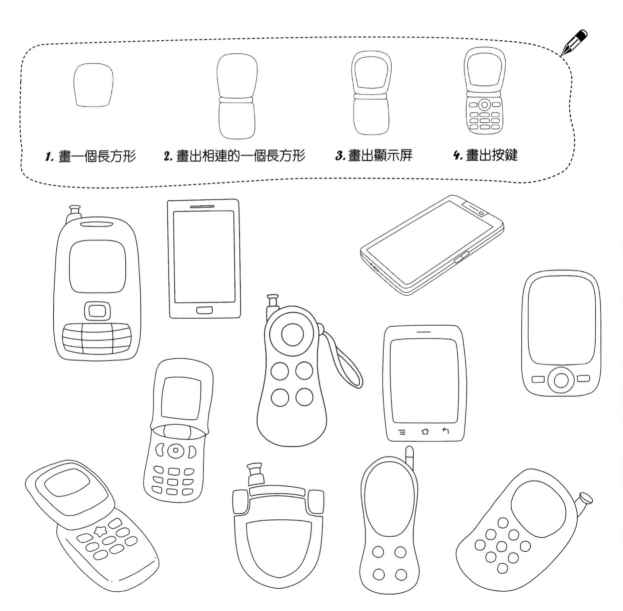

1. 畫一個長方形　　2. 畫出相連的一個長方形　　3. 畫出顯示屏　　4. 畫出按鍵

鬧鐘

鬧鐘是一種能發出響聲的、指示時間的裝置。它可以被塑造成多種可愛的形狀。

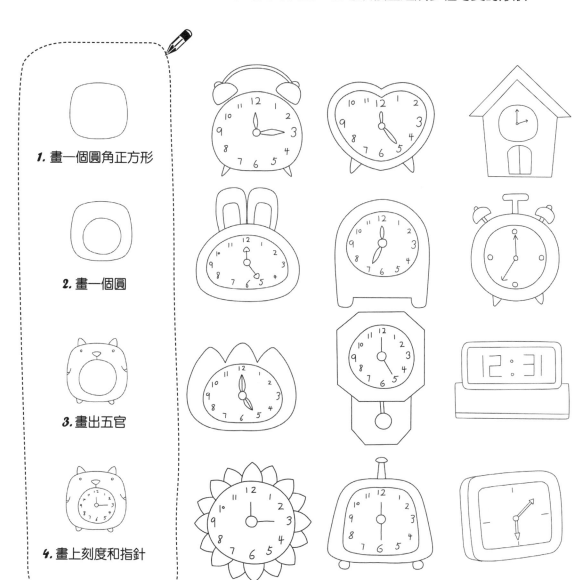

1. 畫一個圓角正方形

2. 畫一個圓

3. 畫出五官

4. 畫上刻度和指針

手電筒

手電筒是便於人們攜帶的、用於照明的工具。

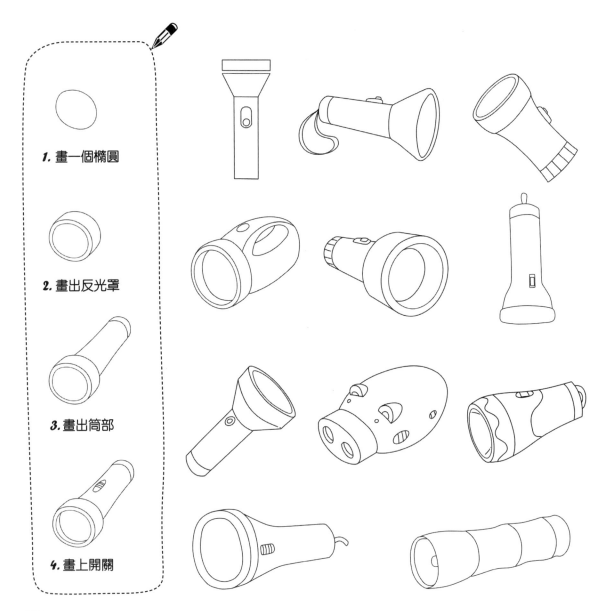

1. 畫一個橢圓

2. 畫出反光罩

3. 畫出筒部

4. 畫上開關

燈泡

燈泡是現代人們生活中常用的照明工具，有各種不同的造型。

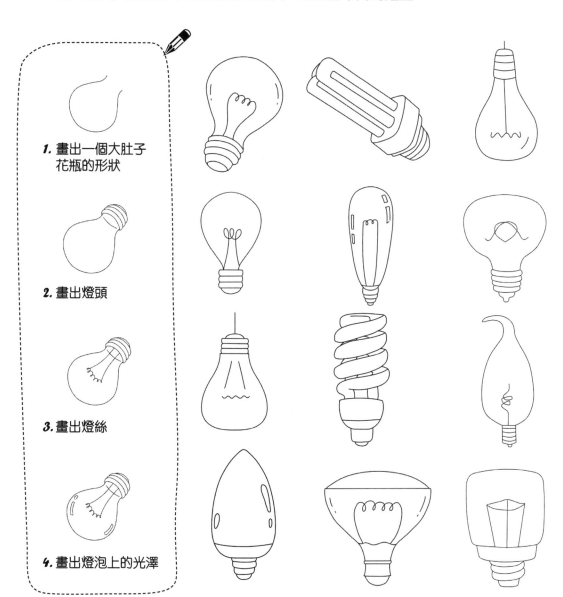

1. 畫出一個大肚子花瓶的形狀

2. 畫出燈頭

3. 畫出燈絲

4. 畫出燈泡上的光澤

油燈

油燈是早期人們用於照明的簡單燈具，主要構造是上盤和下座。

1. 畫一個半圓　　2. 畫一個圓柱　　3. 畫出下面的半圓　　4. 畫上點燃的燈芯

蠟燭

蠟燭是在電燈出現之前人們使用的照明工具，在文學作品中，蠟燭常用於比喻甘於犧牲的優秀品質。

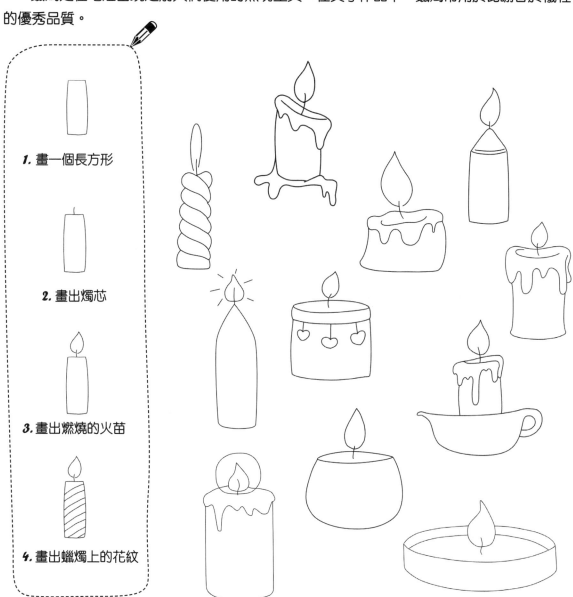

1. 畫一個長方形

2. 畫出燭芯

3. 畫出燃燒的火苗

4. 畫出蠟燭上的花紋

帽子

帽子有遮陽、增溫和防護等作用，現在更多的是被人們當作裝飾品佩戴。

1. 畫出一個「n」字形弧線

2. 畫出帽檐

3. 畫出纏繞的絲帶

4. 畫出蝴蝶結

裙子

裙子的款式多樣，製作材料也各不相同。美麗的裙子是女孩們的最愛。

1. 畫一個帶厚底的梯形　　2. 畫出肩帶　　3. 畫出寬大的裙擺　　4. 畫上花紋

上衣

上衣包括的範圍很廣，主要有 T 恤、襯衣、毛衣等種類。

1. 畫一條弧線

2. 畫出衣擺

3. 畫出衣袖

4. 畫出帶花邊的
   領口和扣子

褲子

褲子是和上衣相配的服飾，褲子種類很多，比如牛仔褲、羊絨褲等。

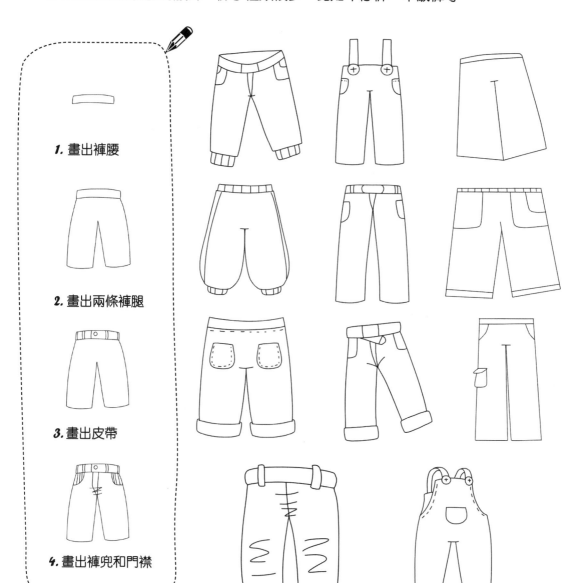

1. 畫出褲腰

2. 畫出兩條褲腿

3. 畫出皮帶

4. 畫出褲兜和門襟

圍巾

圍巾的形狀有三角形、長方形等，它的主要作用是保暖，現也常被人們用來作為裝飾品。

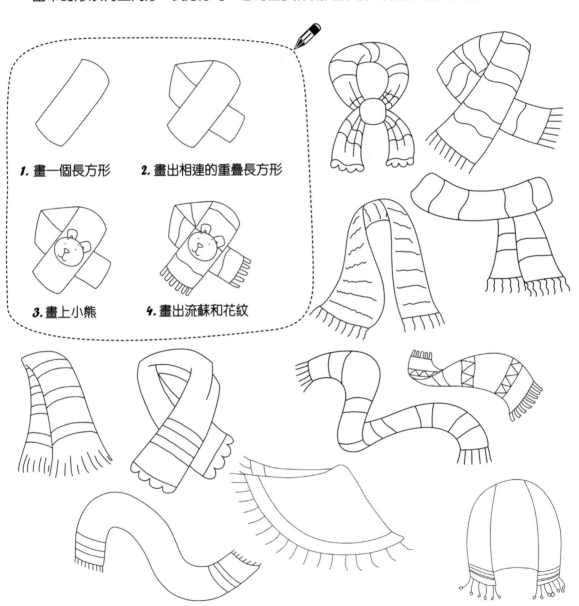

1. 畫一個長方形
2. 畫出相連的重疊長方形
3. 畫上小熊
4. 畫出流蘇和花紋

手套

手套是人們用來保暖或作裝飾的物品。製手套的材料有很多，常見的有皮革、羊毛等。

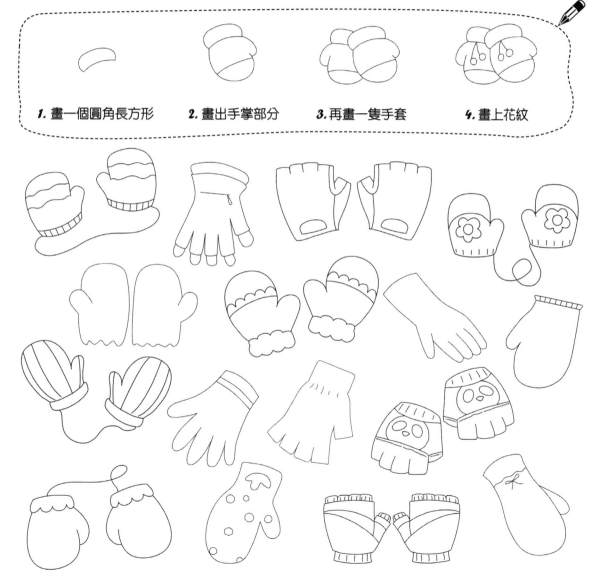

1. 畫一個圓角長方形　　2. 畫出手掌部分　　3. 再畫一隻手套　　4. 畫上花紋

鞋子

鞋子是人們用來保護腳的工具，包括涼鞋、棉鞋等種類。

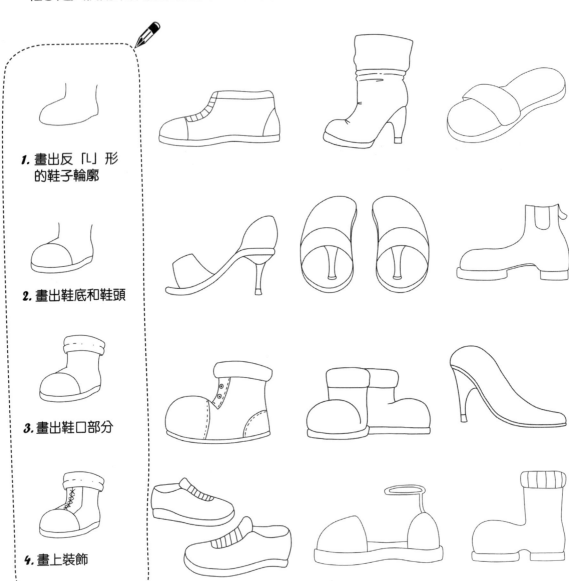

1. 畫出反「ㄴ」形的鞋子輪廓

2. 畫出鞋底和鞋頭

3. 畫出鞋口部分

4. 畫上裝飾

襪子

襪子主要起保護腳和美化腳的作用。

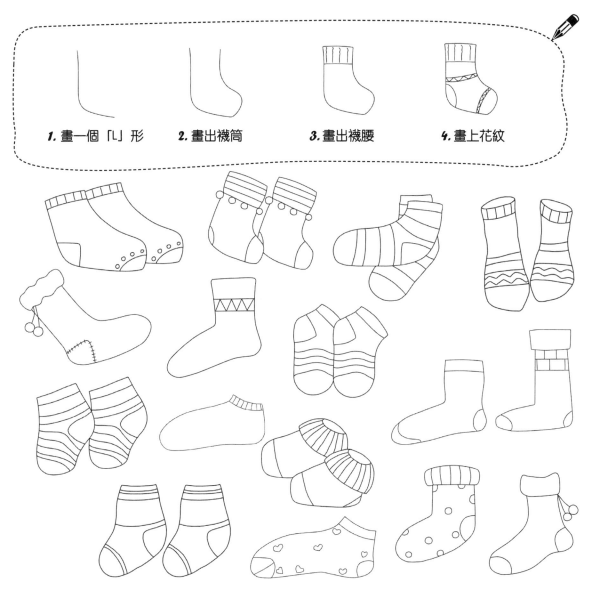

1. 畫一個「L」形　　2. 畫出襪筒　　3. 畫出襪腰　　4. 畫上花紋

辦公用品

辦公用品種類繁多，主要有筆、便箋、計算機等。

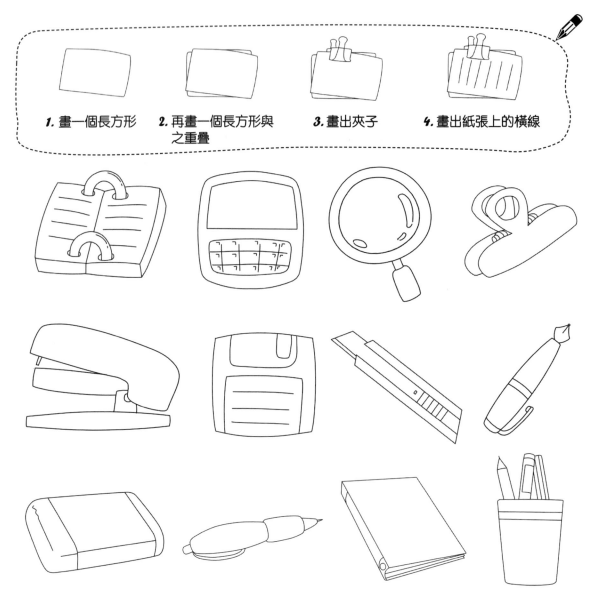

1. 畫一個長方形

2. 再畫一個長方形與
之重疊

3. 畫出夾子

4. 畫出紙張上的橫線

鉛筆

鉛筆是孩子們書寫或繪畫時用到的筆類，除了常見的 2B 鉛筆外，還有自動鉛筆等。

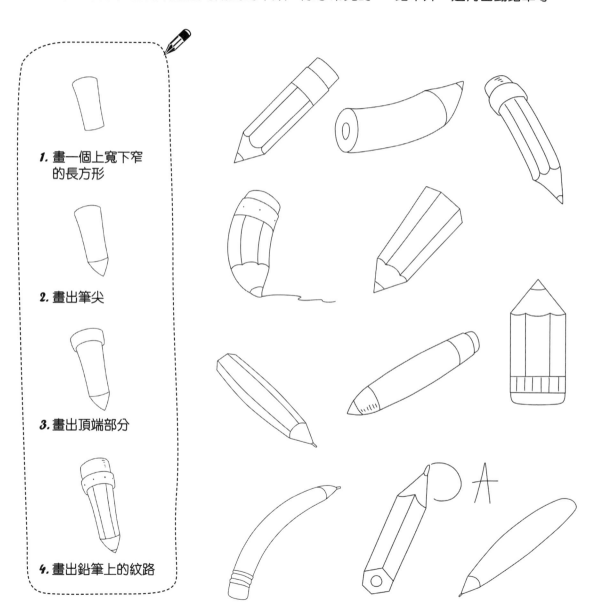

1. 畫一個上寬下窄的長方形

2. 畫出筆尖

3. 畫出頂端部分

4. 畫出鉛筆上的紋路

鉛筆刨

鉛筆刨是用來削鉛筆的工具,外形多種多樣。

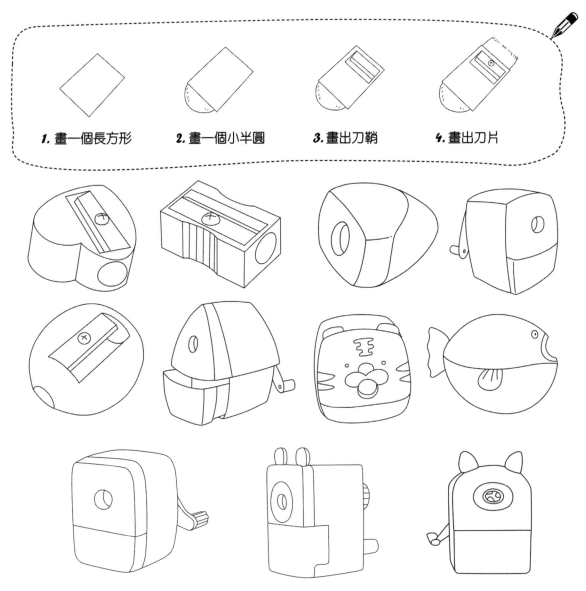

1. 畫一個長方形　　2. 畫一個小半圓　　3. 畫出刀鞘　　4. 畫出刀片

毛筆

毛筆是「文房四寶」之一，是人們用於書寫和繪畫的工具。

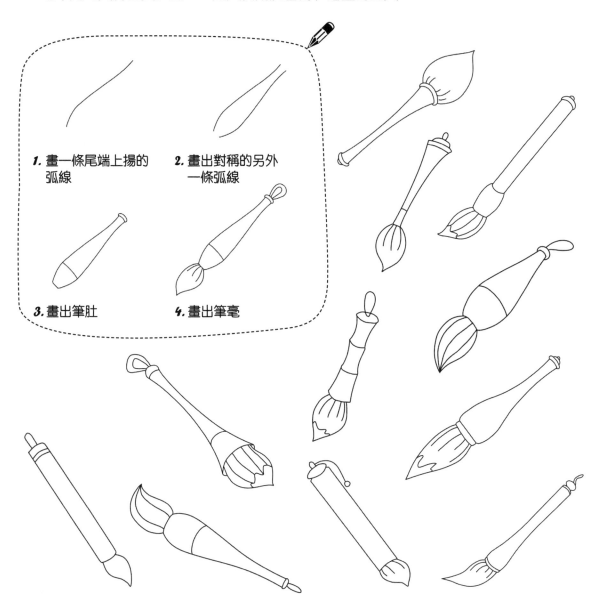

1. 畫一條尾端上揚的弧線

2. 畫出對稱的另外一條弧線

3. 畫出筆肚

4. 畫出筆毫

擦膠

擦膠是用來擦去鉛筆痕跡的學習用具，包括美術專用擦膠和可塑擦膠等種類。

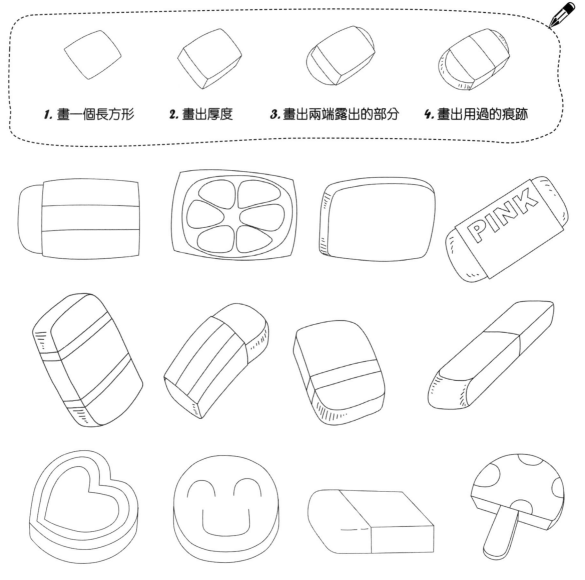

1. 畫一個長方形　　2. 畫出厚度　　3. 畫出兩端露出的部分　　4. 畫出用過的痕跡

筆記本

筆記本是人們用來記錄的紙質本子。

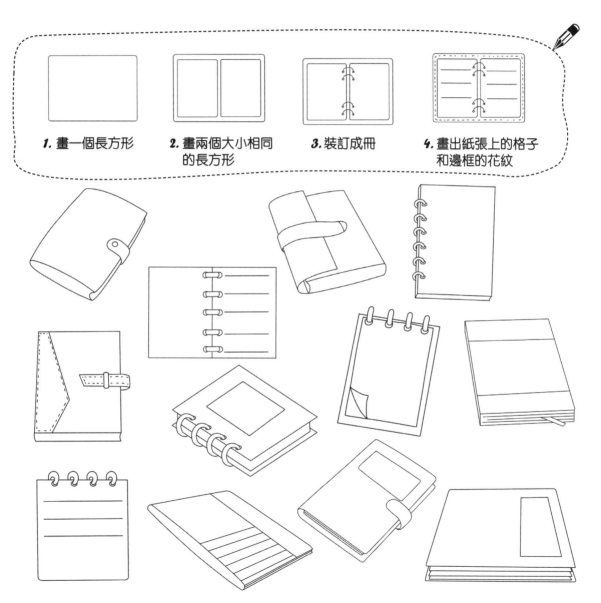

1. 畫一個長方形

2. 畫兩個大小相同的長方形

3. 裝訂成冊

4. 畫出紙張上的格子和邊框的花紋

尺子

尺子是孩子們必不可少的學習用品，通常由鐵或塑膠製作而成。

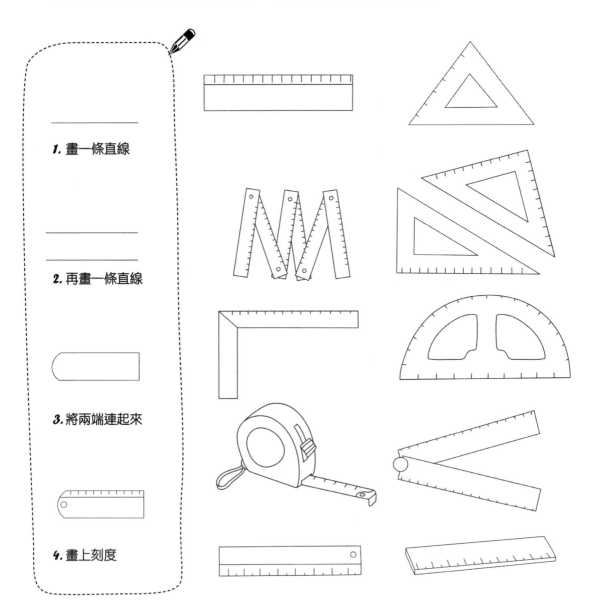

1. 畫一條直線

2. 再畫一條直線

3. 將兩端連起來

4. 畫上刻度

書包

書包是指學生用來裝學習用品的袋子，主要有單肩包和雙肩包兩種款式。

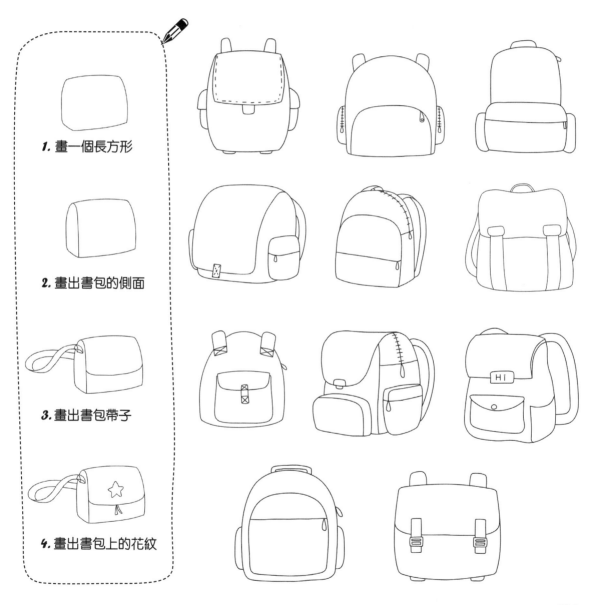

1. 畫一個長方形

2. 畫出書包的側面

3. 畫出書包帶子

4. 畫出書包上的花紋

手提箱

手提箱是一種輕巧而又可以容納較多物品的箱子。

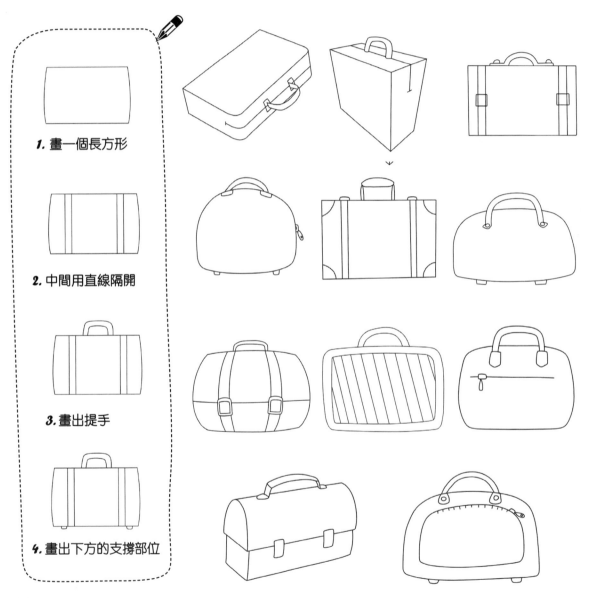

1. 畫一個長方形

2. 中間用直線隔開

3. 畫出提手

4. 畫出下方的支撐部位

手袋

手袋是人們日常生活中必不可少的物品，它們款式多樣，用途廣泛。

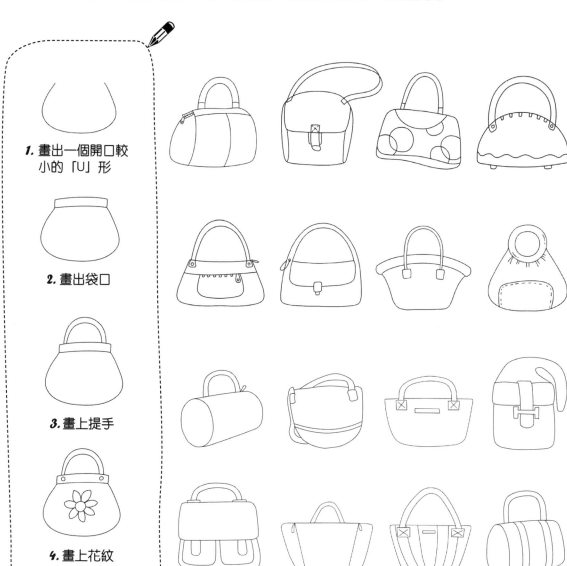

1. 畫出一個開口較小的「U」形

2. 畫出袋口

3. 畫上提手

4. 畫上花紋

髮卡

髮卡是人們常用的飾品,因其造型和款式多樣深受女孩子們的喜歡。

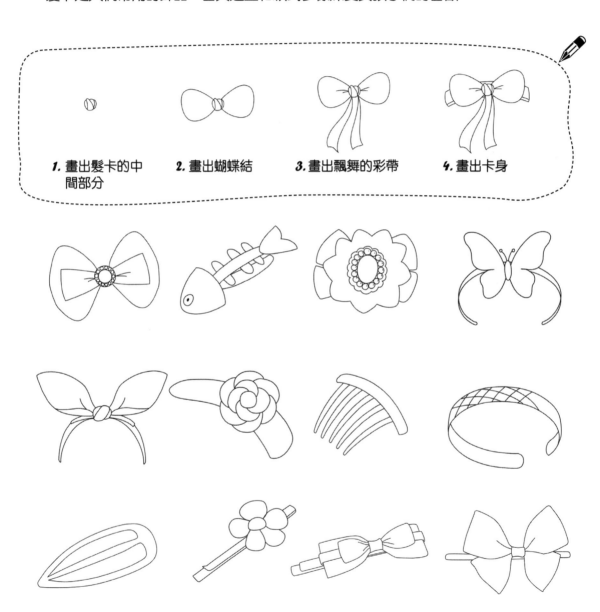

1. 畫出髮卡的中間部分

2. 畫出蝴蝶結

3. 畫出飄舞的彩帶

4. 畫出卡身

皇冠

皇冠在古代是權力的象徵,現多為女性佩戴的一種裝飾品。

1. 畫出小山的形狀　　2. 畫出髮箍部分

3. 畫上皇冠上的珍珠

戒指

戒指的佩戴方式有很多，不同的佩戴方式有不同的含義。

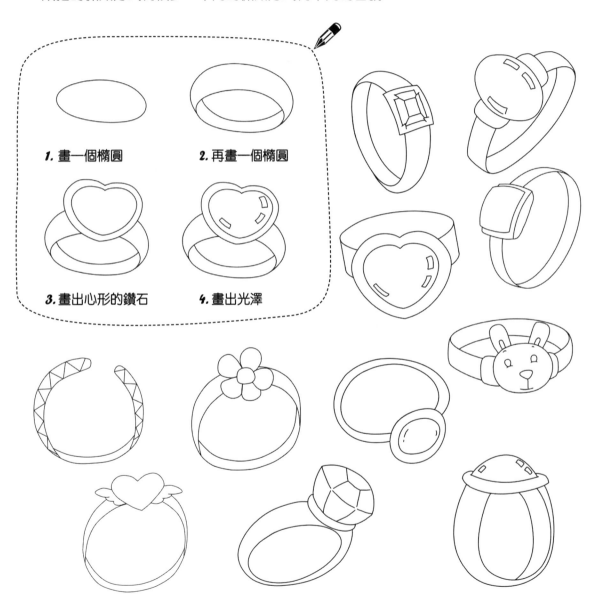

1. 畫一個橢圓

2. 再畫一個橢圓

3. 畫出心形的鑽石

4. 畫出光澤

項鏈

項鏈是人們戴在脖子上的裝飾品，因材料的不同價格也不相同。

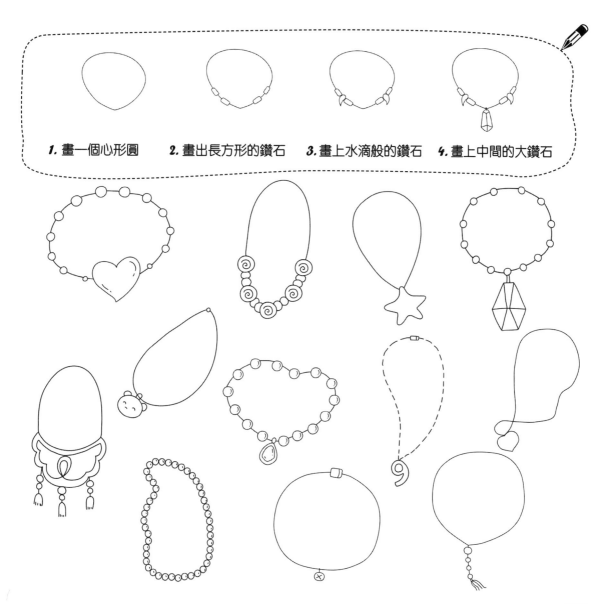

1. 畫一個心形圓　　2. 畫出長方形的鑽石　　3. 畫上水滴般的鑽石　　4. 畫上中間的大鑽石

手鐲

手鐲是人們戴在手腕上的裝飾品。製作手鐲的材料多樣，主要有金、銀、玉等。

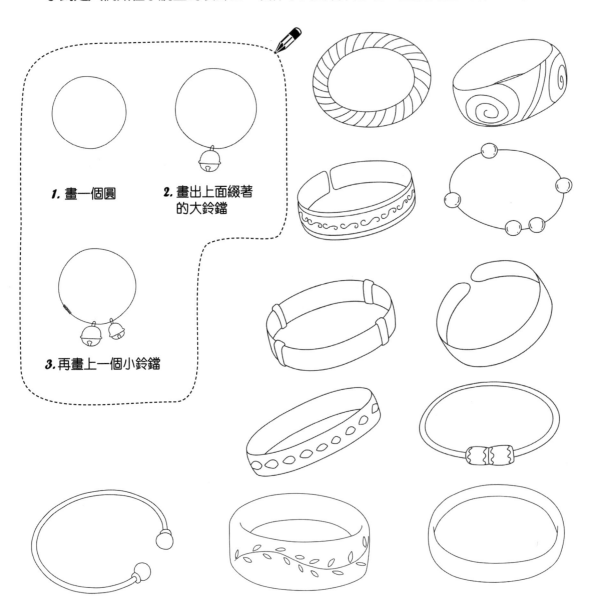

1. 畫一個圓

2. 畫出上面綴著的大鈴鐺

3. 再畫上一個小鈴鐺

鐘錶

鐘錶是時鐘和錶的總稱，它是人們用於計時的工具。

1. 畫兩個同心圓

2. 畫上刻度和時針、分針、秒針

3. 畫上錶帶

4. 畫出錶帶上的花紋

眼鏡

眼鏡的功能主要有兩種，一是作為一種裝飾品，二是為了保護眼睛。

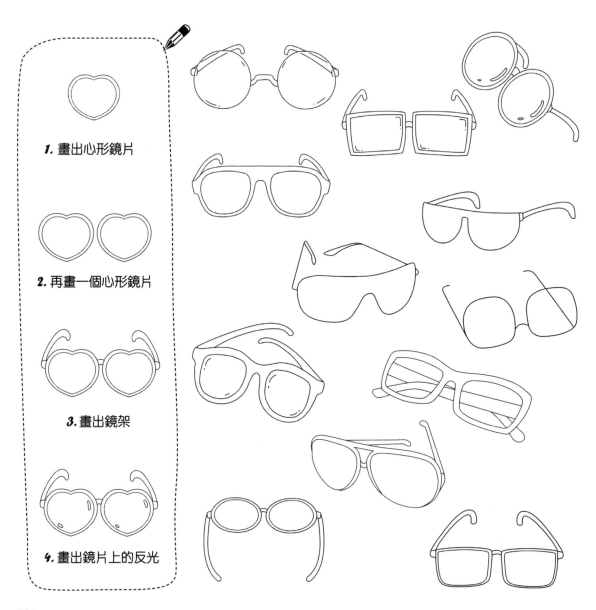

1. 畫出心形鏡片

2. 再畫一個心形鏡片

3. 畫出鏡架

4. 畫出鏡片上的反光

廚房用品

廚房用品種類多樣，主要有鍋、鍋鏟、菜刀等。

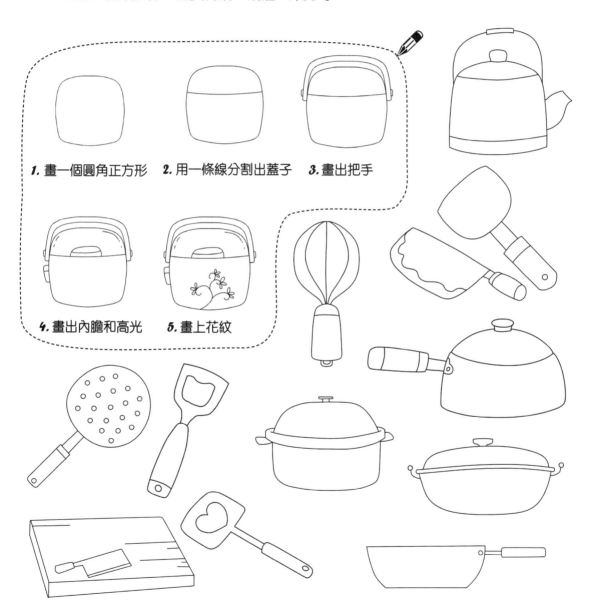

1. 畫一個圓角正方形　2. 用一條線分割出蓋子　3. 畫出把手

4. 畫出內膽和高光　5. 畫上花紋

烤箱

烤箱是人們用於烘烤食物的電器，現代家用烤箱主要有枱式小烤箱和嵌入式烤箱。

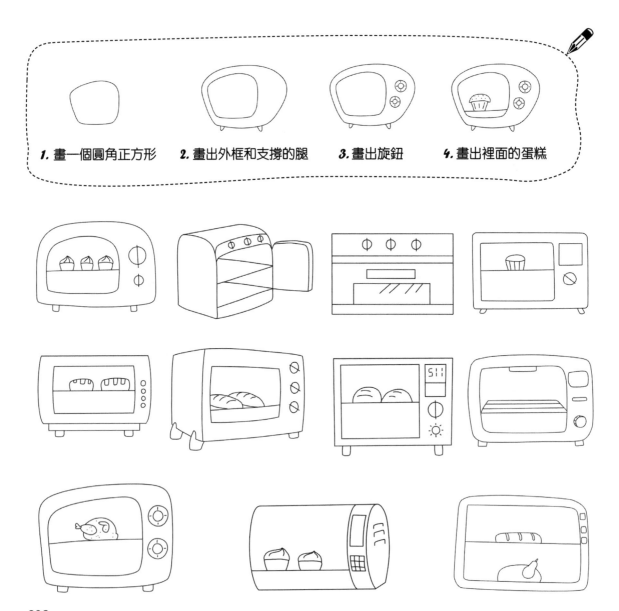

1. 畫一個圓角正方形　　2. 畫出外框和支撐的腿　　3. 畫出旋鈕　　4. 畫出裡面的蛋糕

微波爐

微波爐是家庭中常用的電器，有加熱、解凍食物等功能。

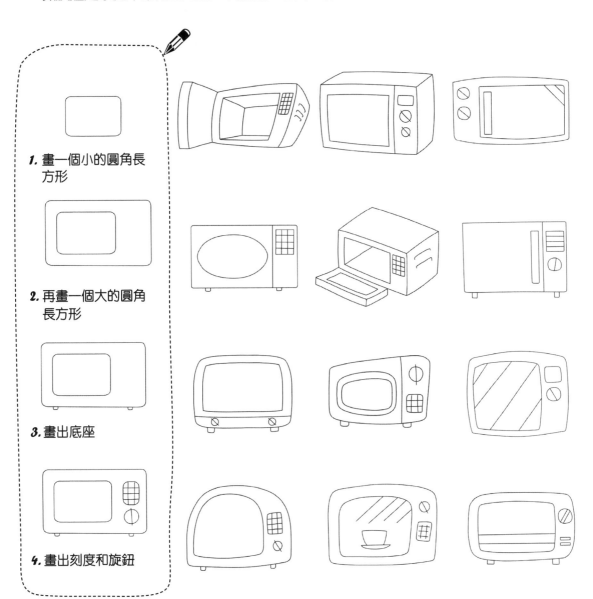

1. 畫一個小的圓角長方形

2. 再畫一個大的圓角長方形

3. 畫出底座

4. 畫出刻度和旋鈕

水壺

水壺是人們用來燒水或盛水的用具。它們可以被製成或獨特，或可愛的造型。

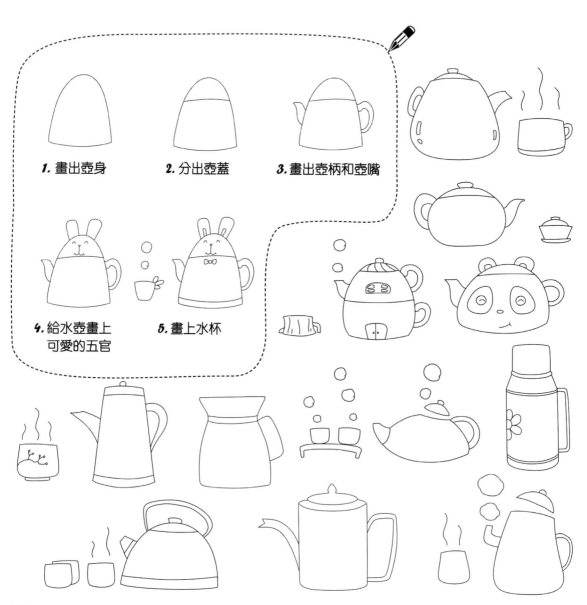

1. 畫出壺身

2. 分出壺蓋

3. 畫出壺柄和壺嘴

4. 給水壺畫上可愛的五官

5. 畫上水杯

籃子

籃子一般是用柳條等編成的，樣式不一，可以盛放物品。

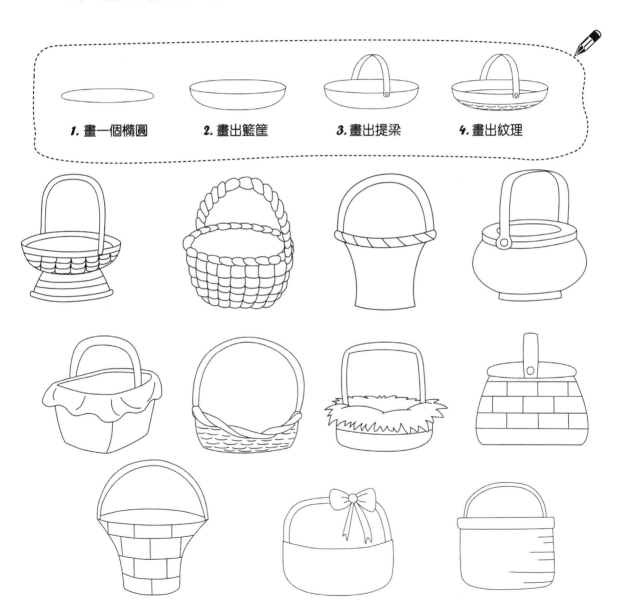

1. 畫一個橢圓　　2. 畫出籃筐　　3. 畫出提梁　　4. 畫出紋理

剪刀

剪刀是日常人們用來裁剪物品的工具，不同類型的剪刀用途也不相同。

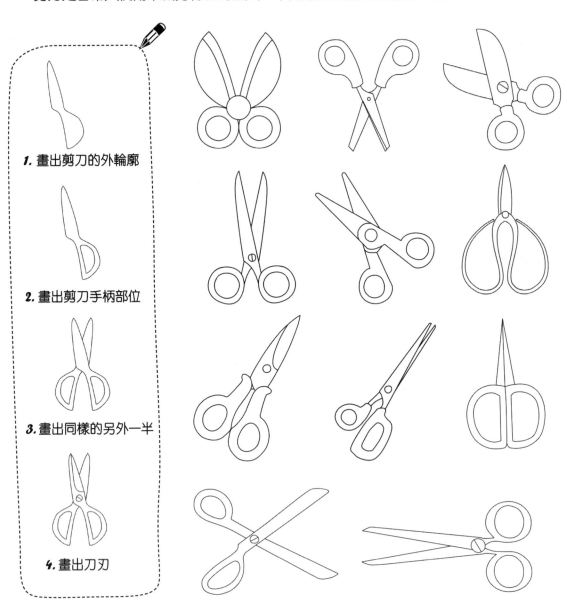

1. 畫出剪刀的外輪廓

2. 畫出剪刀手柄部位

3. 畫出同樣的另外一半

4. 畫出刀刃

農具

農具是指農民們勞作的工具，包括鋤頭、鐵鍬等。

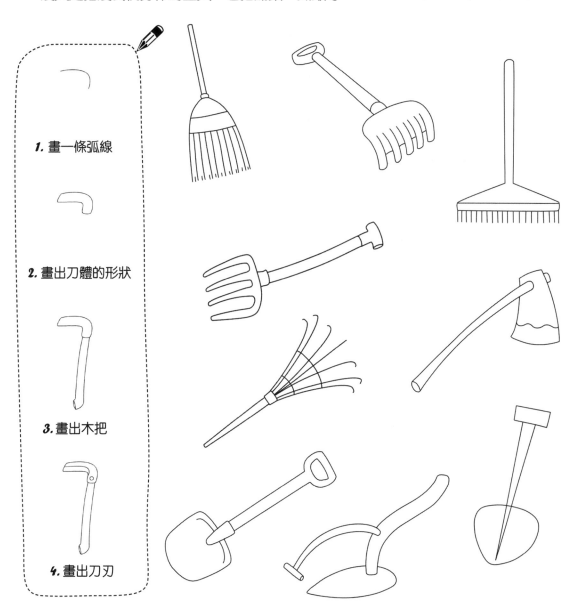

1. 畫一條弧線

2. 畫出刀體的形狀

3. 畫出木把

4. 畫出刀刃

金屬工具

金屬工具的種類有很多，主要有鉗子、斧頭、錘子等。

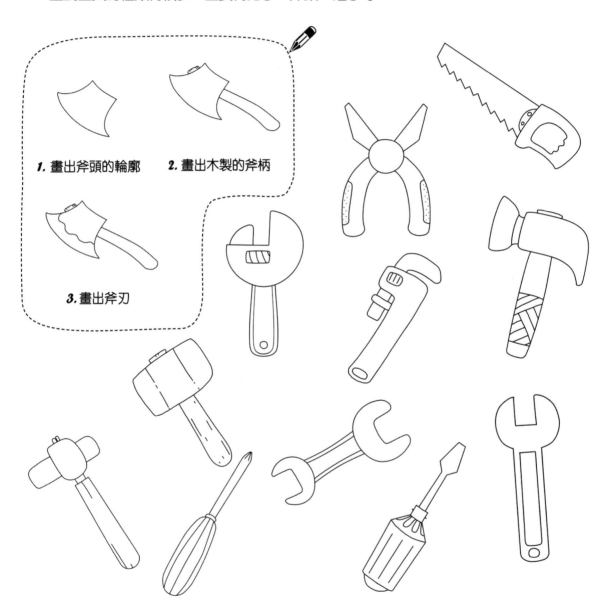

1. 畫出斧頭的輪廓　2. 畫出木製的斧柄

3. 畫出斧刃

鎖

鎖是人們用來保證物品安全的器具，就其本身結構而言，主要包括鎖管、鎖孔和鎖銷。

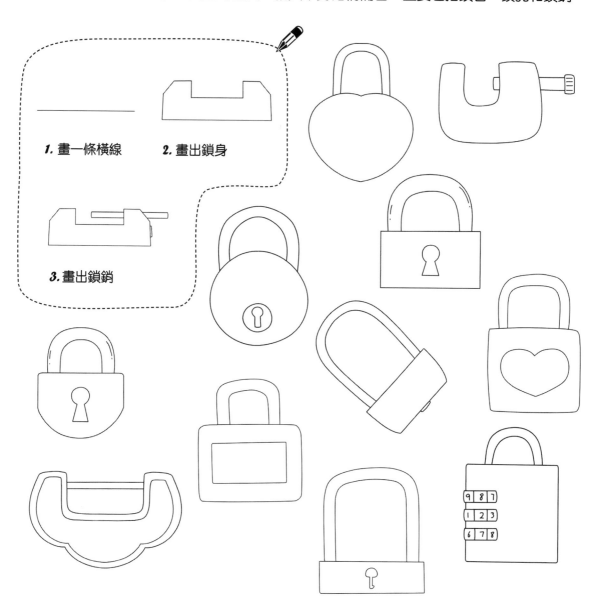

1. 畫一條橫線

2. 畫出鎖身

3. 畫出鎖銷

梯子

梯子是日常生活中人們用於登高的工具，它的製作材料多樣，有竹子、鐵、木頭等。

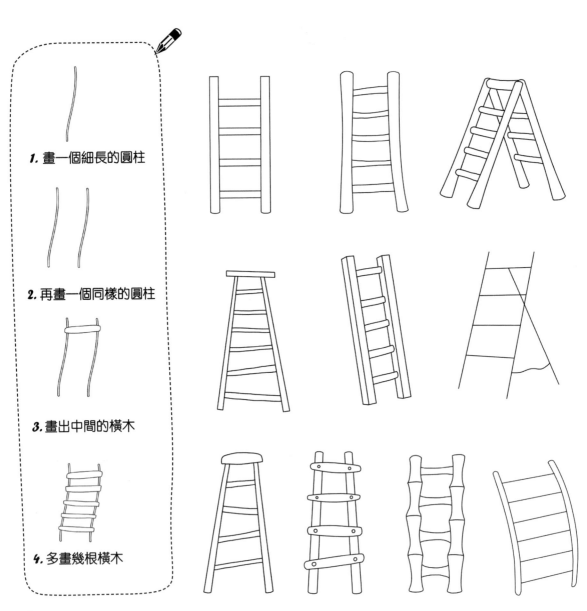

1. 畫一個細長的圓柱

2. 再畫一個同樣的圓柱

3. 畫出中間的橫木

4. 多畫幾根橫木

望遠鏡

望遠鏡又被稱為「千里鏡」，主要用來觀察遠處的物體，結構上主要包括物鏡和目鏡。

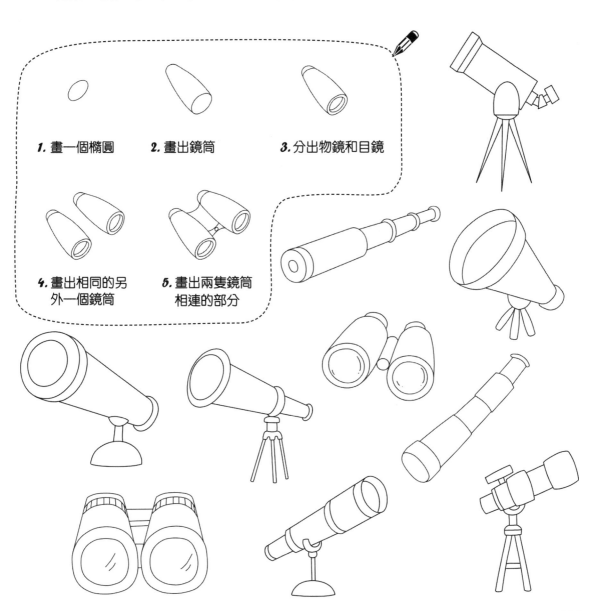

1. 畫一個橢圓

2. 畫出鏡筒

3. 分出物鏡和目鏡

4. 畫出相同的另外一個鏡筒

5. 畫出兩隻鏡筒相連的部分

扇子

扇子是人們夏日用於驅趕蚊蟲或扇風的工具。

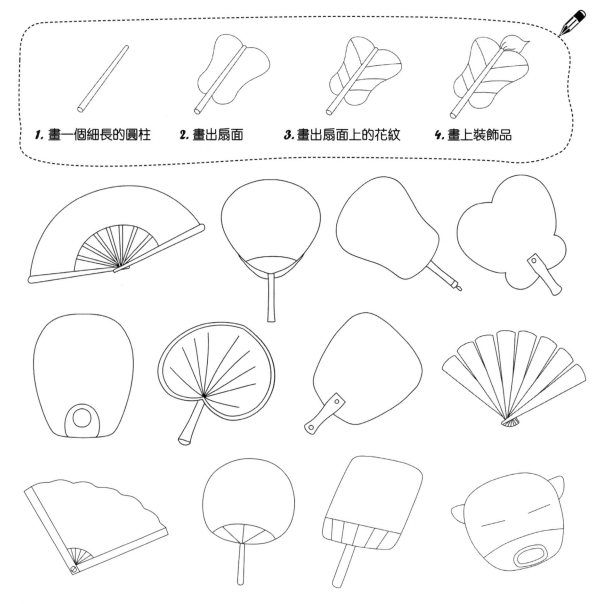

1. 畫一個細長的圓柱　　2. 畫出扇面　　3. 畫出扇面上的花紋　　4. 畫上裝飾品

傘

傘是人們生活中常用的遮陽或擋雨的工具，攜帶方便。

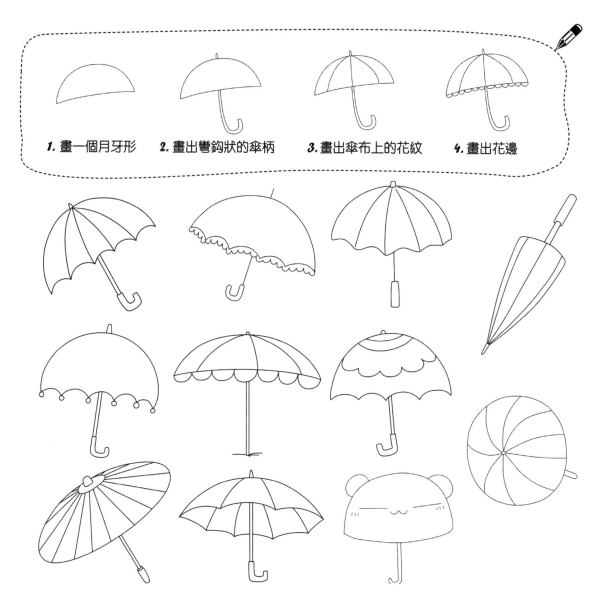

1. 畫一個月牙形　　2. 畫出彎鉤狀的傘柄　　3. 畫出傘布上的花紋　　4. 畫出花邊

衣架

衣架是人們用來晾曬衣物的生活用品，常被製作成不同的造型。

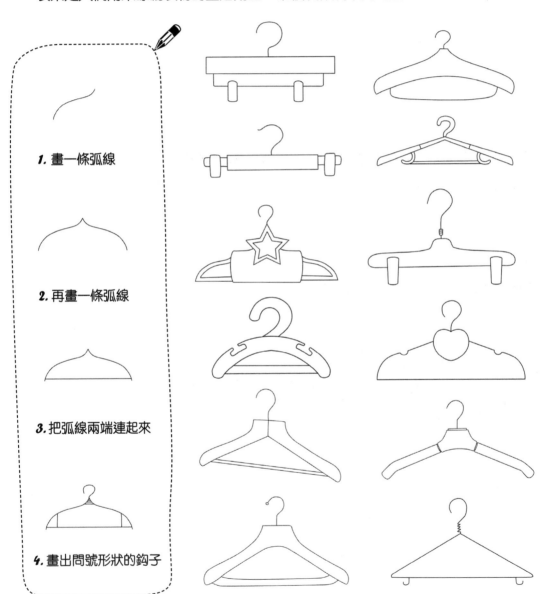

1. 畫一條弧線

2. 再畫一條弧線

3. 把弧線兩端連起來

4. 畫出問號形狀的鉤子

梳子

梳子的造型和材質多種多樣，各種木製梳子尤其受到人們歡迎。

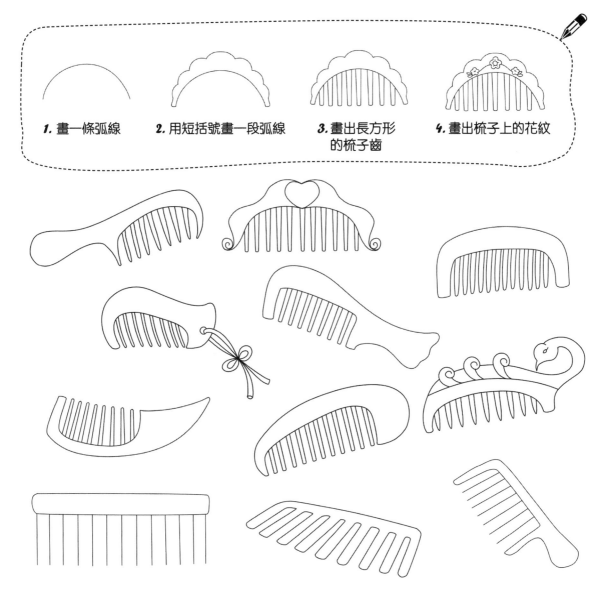

1. 畫一條弧線

2. 用短括號畫一段弧線

3. 畫出長方形的梳子齒

4. 畫出梳子上的花紋

嬰兒車

嬰兒車主要是指嬰兒推車，是人們推著嬰兒行走的工具。

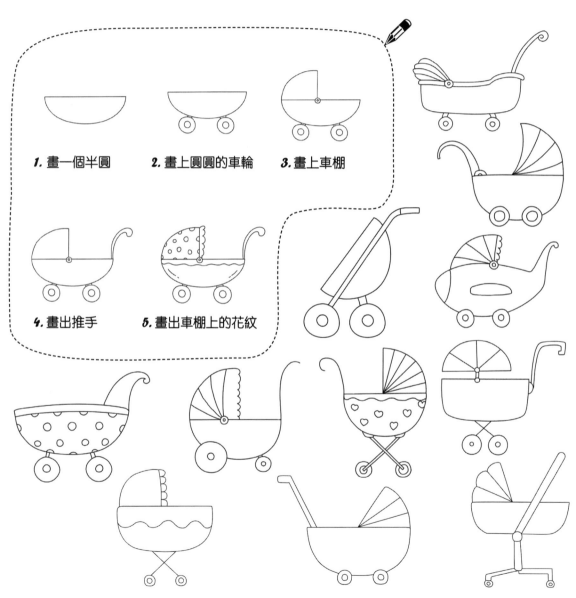

1. 畫一個半圓

2. 畫上圓圓的車輪

3. 畫上車棚

4. 畫出推手

5. 畫出車棚上的花紋

奶瓶

奶瓶是嬰幼兒喝奶時使用的器具，一般由塑膠或玻璃製成。

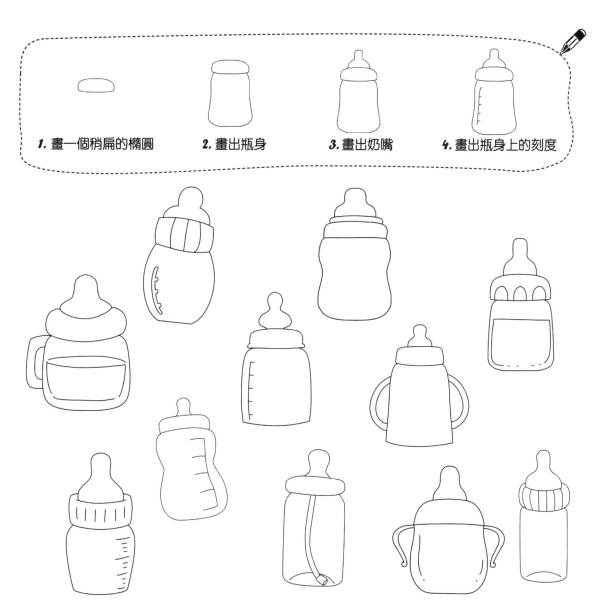

1. 畫一個稍扁的橢圓　　2. 畫出瓶身　　3. 畫出奶嘴　　4. 畫出瓶身上的刻度

體育用品

體育用品種類多樣，常見的有籃球、乒乓球、棒球等。

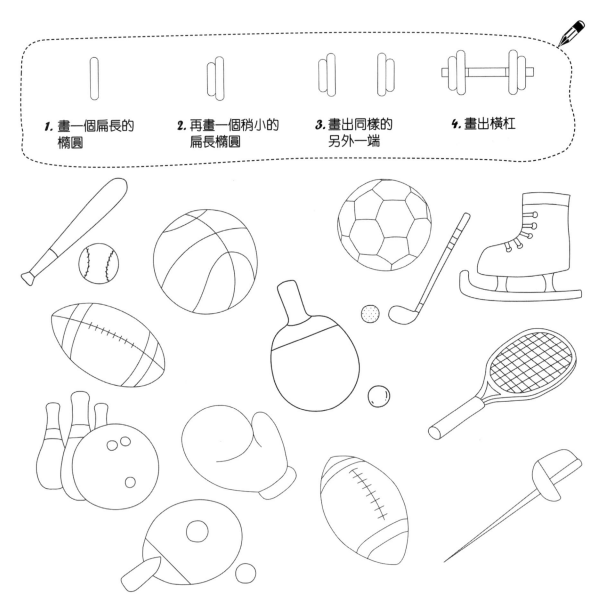

1. 畫一個扁長的橢圓
2. 再畫一個稍小的扁長橢圓
3. 畫出同樣的另外一端
4. 畫出橫杠

第九章
建築

建築體現了人們的聰明才智。
不同風格的建築能展現不同的風情。
拿起畫筆，將你喜歡的建築樣式
——描繪出來吧！

別墅

別墅是一種建在郊區或風景區的高級居所，體現人們高質量生活。

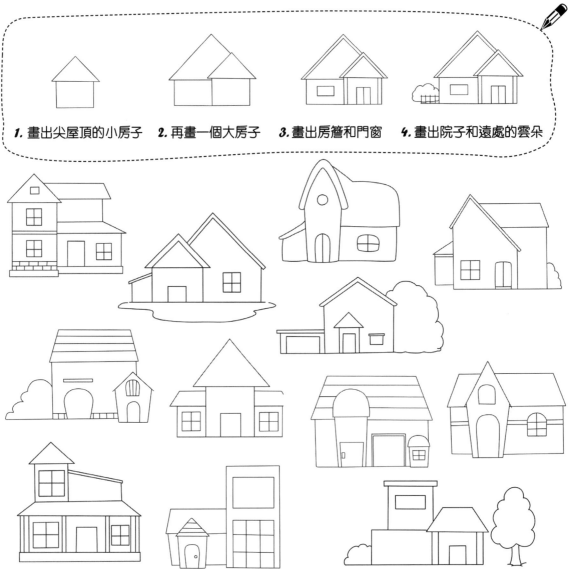

1. 畫出尖屋頂的小房子　　2. 再畫一個大房子　　3. 畫出房簷和門窗　　4. 畫出院子和遠處的雲朵

拱橋

中國的拱橋造型多樣，拱形有半圓、圓弧、橢圓等不同的形式。

1. 畫一條兩端上翹的弧線　　2. 再畫一條弧線　　3. 畫出拱圈和橋墩　　4. 畫出欄杆

教堂

教堂是基督教的主要建築，最明顯的標誌是建築上的十字架。

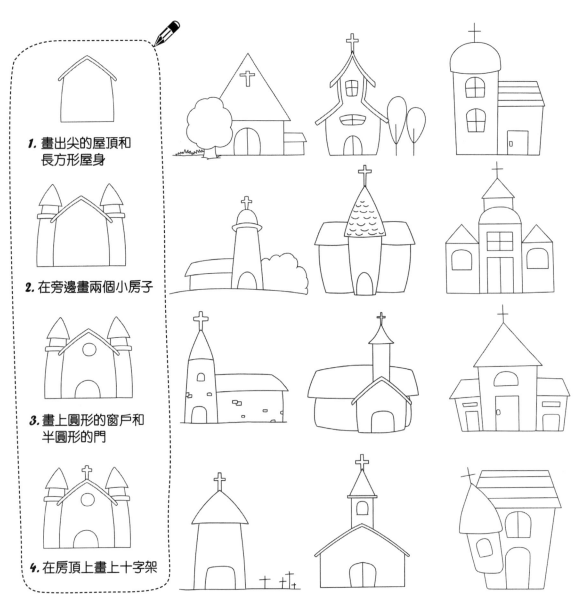

1. 畫出尖的屋頂和長方形屋身

2. 在旁邊畫兩個小房子

3. 畫上圓形的窗戶和半圓形的門

4. 在房頂上畫上十字架

懸索橋

懸索橋是指由懸索、吊杆、橋面等部分組成的橋樑，一般不作為重型橋樑使用。

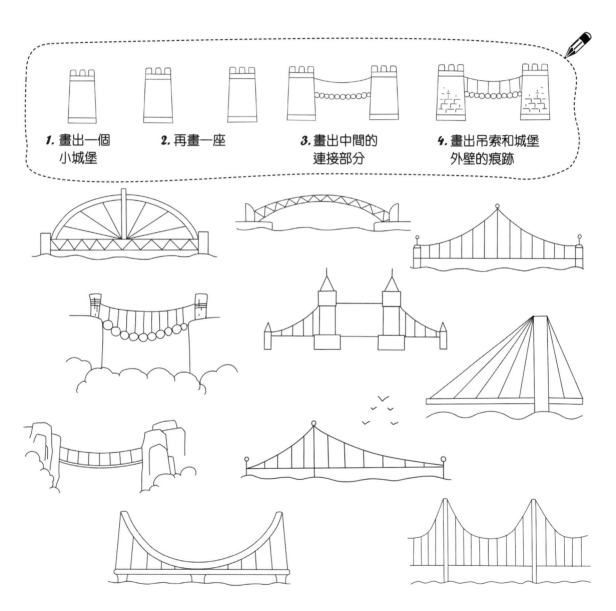

1. 畫出一個
   小城堡

2. 再畫一座

3. 畫出中間的
   連接部分

4. 畫出吊索和城堡
   外壁的痕跡

茅草屋

茅草屋是古代窮人用於遮風避雨的房屋。現多見於觀光旅遊的場所。

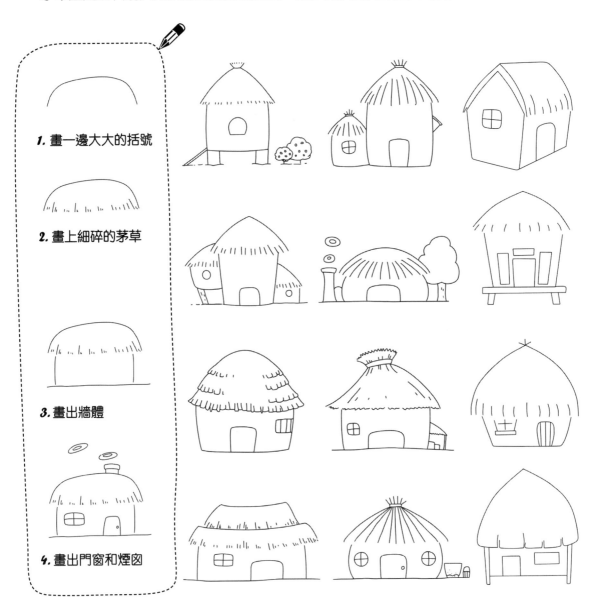

1. 畫一邊大大的括號

2. 畫上細碎的茅草

3. 畫出牆體

4. 畫出門窗和煙囪

木屋

木屋是指由木材建造的房屋，就建築結構而言，可分為輕木型和重木型兩種。

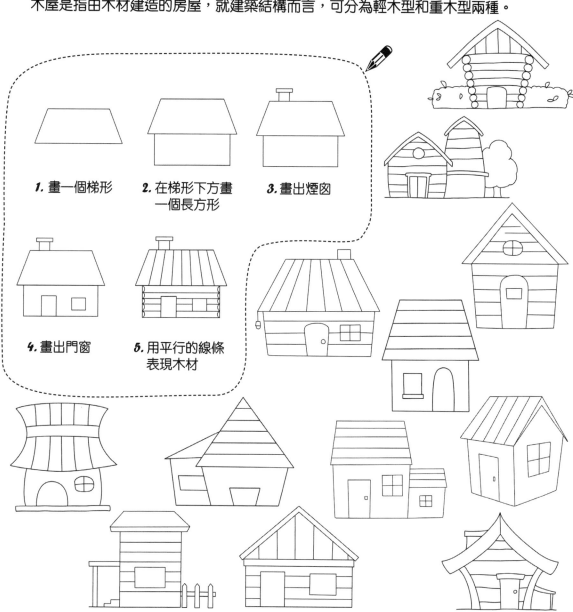

1. 畫一個梯形

2. 在梯形下方畫一個長方形

3. 畫出煙囪

4. 畫出門窗

5. 用平行的線條表現木材

水車

水車是中國古代勞動人們用於引水灌溉的農具。

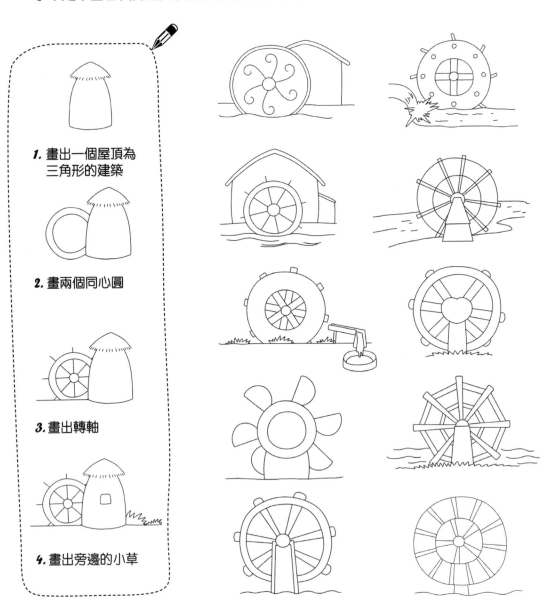

1. 畫出一個屋頂為三角形的建築

2. 畫兩個同心圓

3. 畫出轉軸

4. 畫出旁邊的小草

寺廟

寺廟是供俸神佛或歷史上有名人物的處所，現很多發展為旅遊地。

1. 畫一個梯形

2. 下面畫一個長方形

3. 畫出屋頂和房簷

4. 畫出門窗

5. 畫出院牆

塔

塔是一種高層建築，就其結構和形狀而言，可分為密簷式塔、五輪塔和多寶塔等。

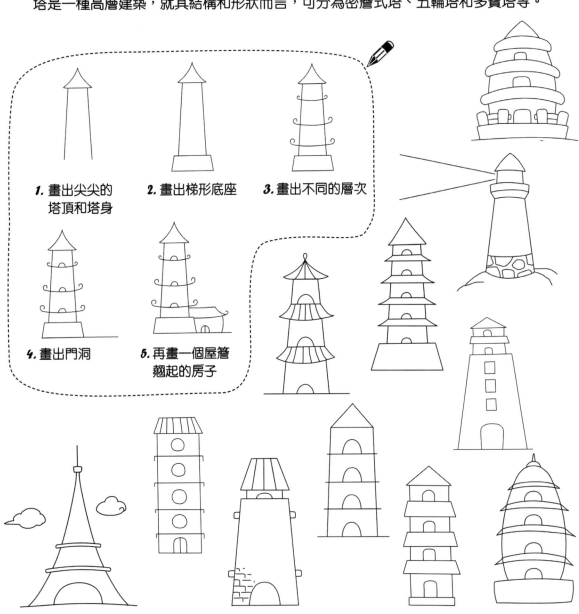

1. 畫出尖尖的塔頂和塔身

2. 畫出梯形底座

3. 畫出不同的層次

4. 畫出門洞

5. 再畫一個屋簷翹起的房子

學校

學校是學生學習知識的場所，主要分為幼稚園、小學、中學和大學。

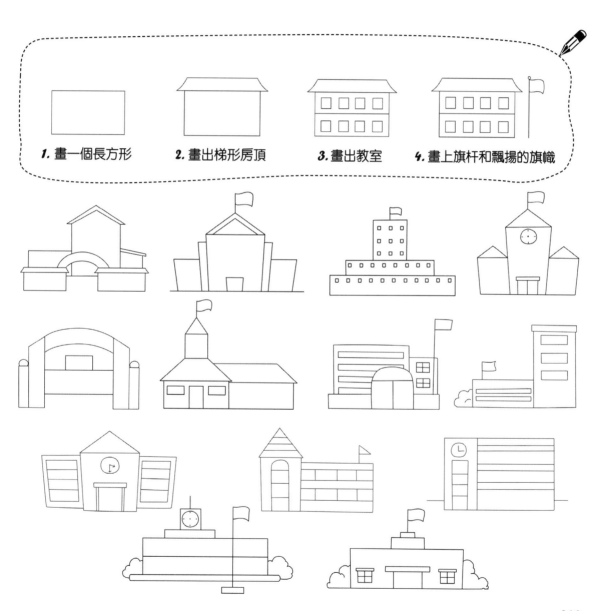

1. 畫一個長方形　　2. 畫出梯形房頂　　3. 畫出教室　　4. 畫上旗杆和飄揚的旗幟

醫院

醫院是為人們提供醫療服務的地方。醫院在設立之初，是供人們避難的場所。

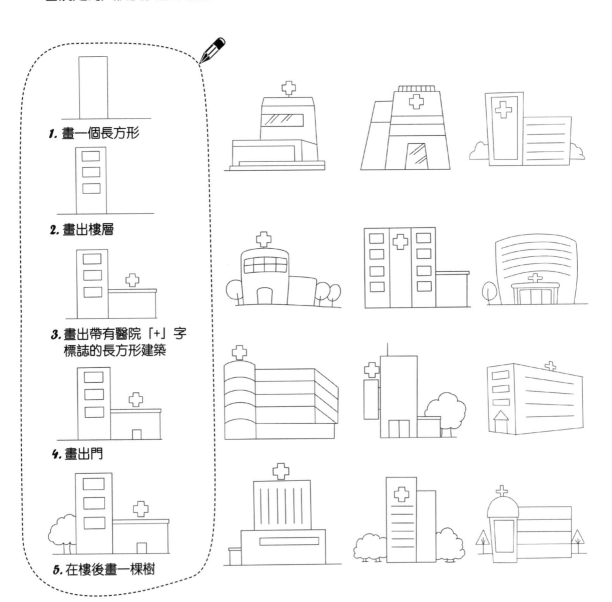

1. 畫一個長方形

2. 畫出樓層

3. 畫出帶有醫院「+」字標誌的長方形建築

4. 畫出門

5. 在樓後畫一棵樹

城堡

城堡是中世紀時歐洲開始興起的建築，有軍事防禦的功能。

1. 畫出長方形的堡身

2. 畫出小長方形的堡垛

3. 畫出長方形的屋身和三角形的屋頂

4. 畫出門和屋頂的旗幟

高樓大廈

高樓大廈一般指高層建築，隨著現代社會的發展，高樓大廈主要指 18 層以上的建築。

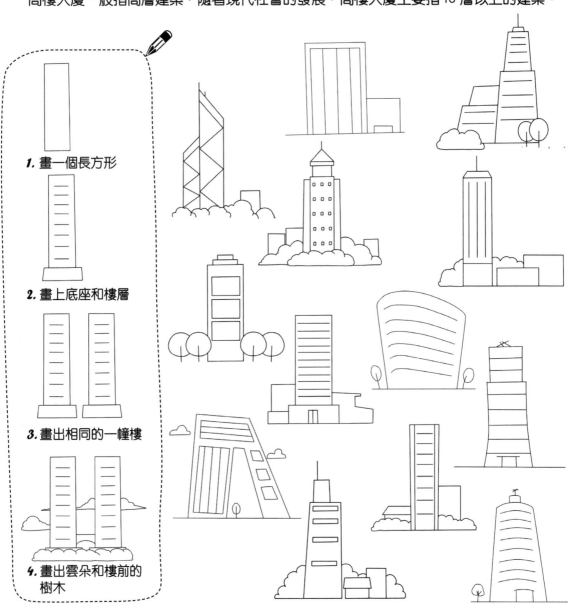

1. 畫一個長方形

2. 畫上底座和樓層

3. 畫出相同的一幢樓

4. 畫出雲朵和樓前的樹木

古代建築

古代建築最基本的結構是懸山、硬山、廡殿、歇山、攢尖。

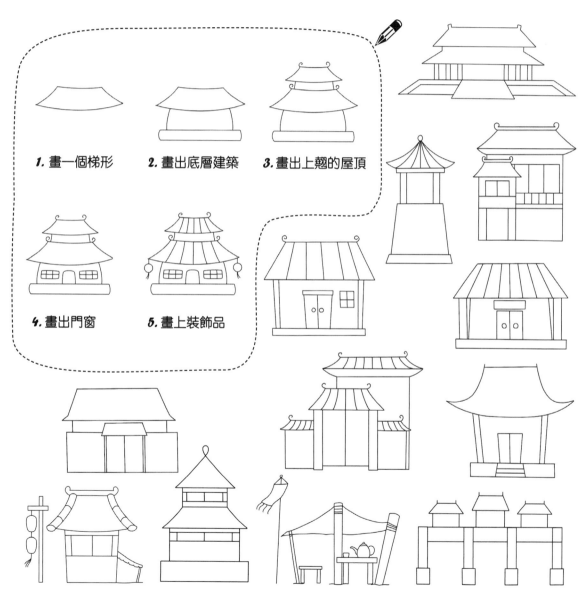

1. 畫一個梯形

2. 畫出底層建築

3. 畫出上翹的屋頂

4. 畫出門窗

5. 畫上裝飾品

卡通房子

圓形的屋頂，半圓形的門洞，在卡通世界裡，任何形狀都可以成為可愛房屋的組成部分。

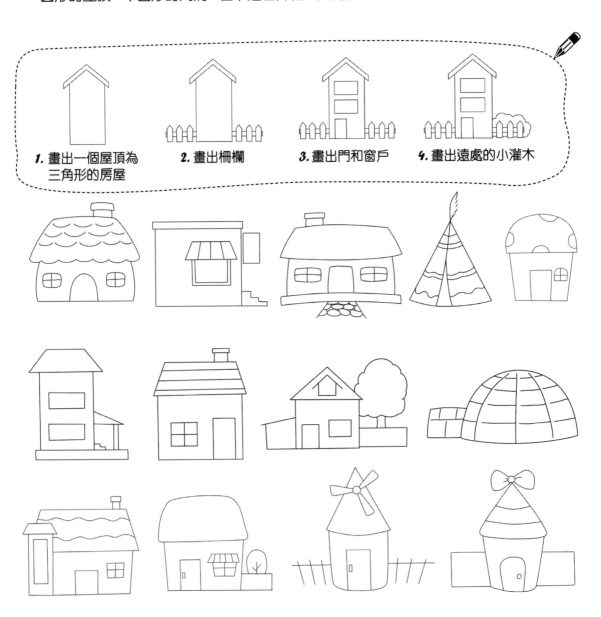

1. 畫出一個屋頂為三角形的房屋

2. 畫出柵欄

3. 畫出門和窗戶

4. 畫出遠處的小灌木

第十章
其他

慶祝節日時常用的爆竹、五彩斑斕的貝殼、
令人矚目的獎盃、清脆悅耳的風鈴……
快來一起畫一畫吧！

爆竹

爆竹是人們在各種慶典活動、節日廟會等場合使用，且會發出響聲的物品。

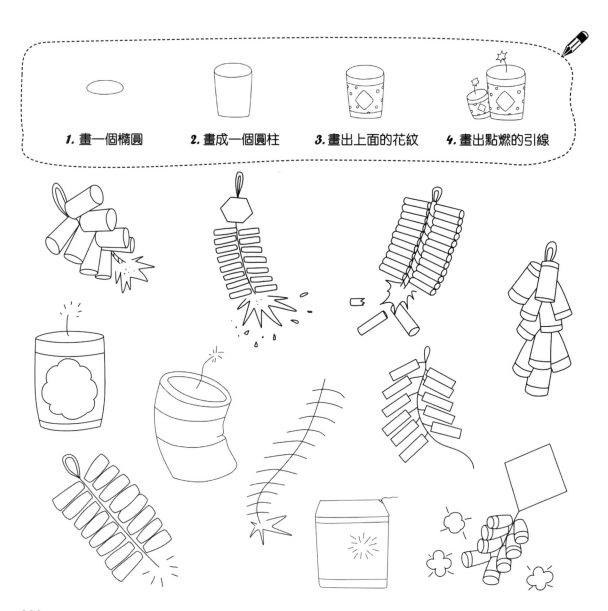

1. 畫一個橢圓　　2. 畫成一個圓柱　　3. 畫出上面的花紋　　4. 畫出點燃的引線

貝殼

貝殼的形狀千奇百怪,大小各不相同,十分美麗。

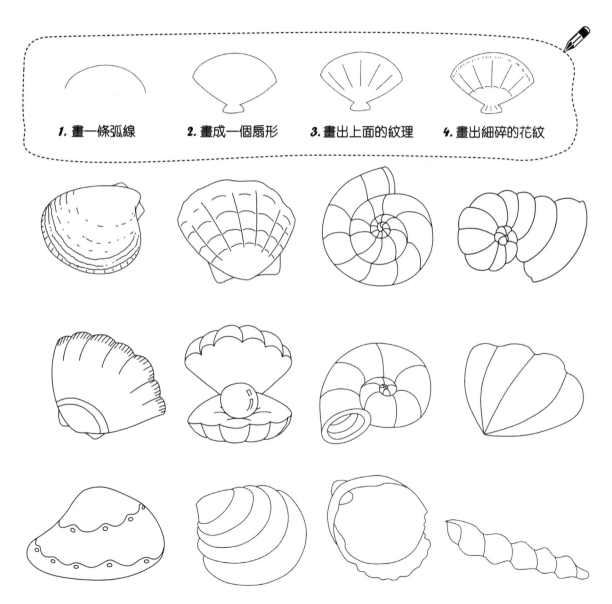

1. 畫一條弧線   **2.** 畫成一個扇形   **3.** 畫出上面的紋理   **4.** 畫出細碎的花紋

大炮

大炮是一種威力極大的重型攻擊武器，通常在戰爭中使用。

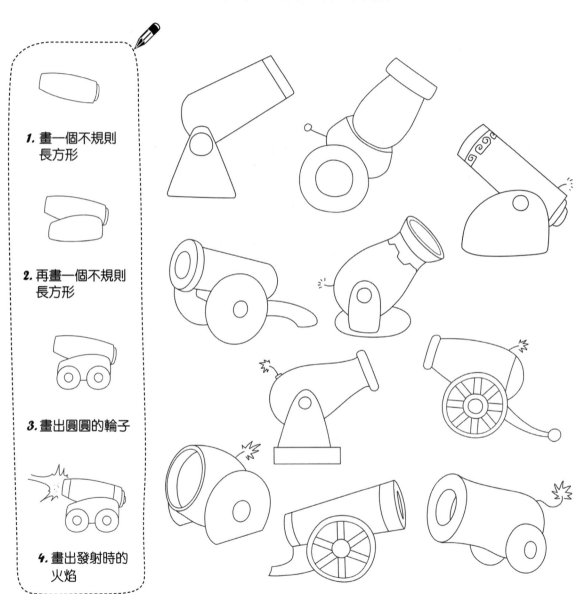

1. 畫一個不規則
　　長方形

2. 再畫一個不規則
　　長方形

3. 畫出圓圓的輪子

4. 畫出發射時的
　　火焰

導彈

導彈是一種自帶動力裝置、有強大戰鬥力的武器。

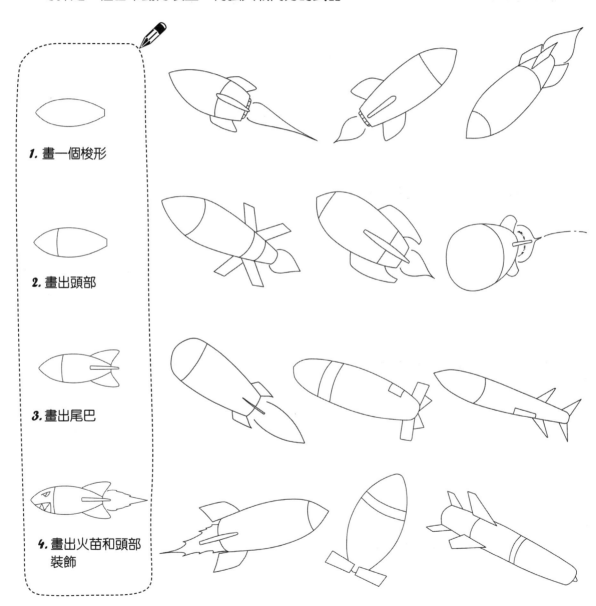

1. 畫一個梭形

2. 畫出頭部

3. 畫出尾巴

4. 畫出火苗和頭部
　　裝飾

稻草人

稻草人是農民用稻草製成的，放在地裡用來驅逐鳥雀、保護農作物。

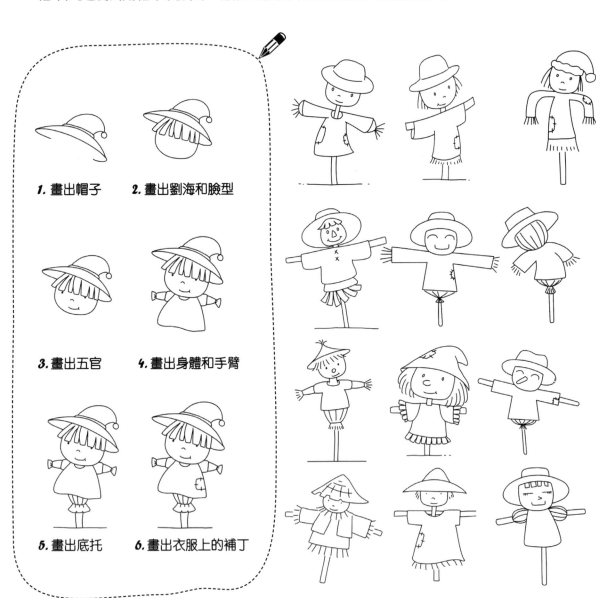

1. 畫出帽子

2. 畫出劉海和臉型

3. 畫出五官

4. 畫出身體和手臂

5. 畫出底托

6. 畫出衣服上的補丁

刀

刀在最初是一種勞動工具和自衛武器，後逐漸發展為一種兵器。

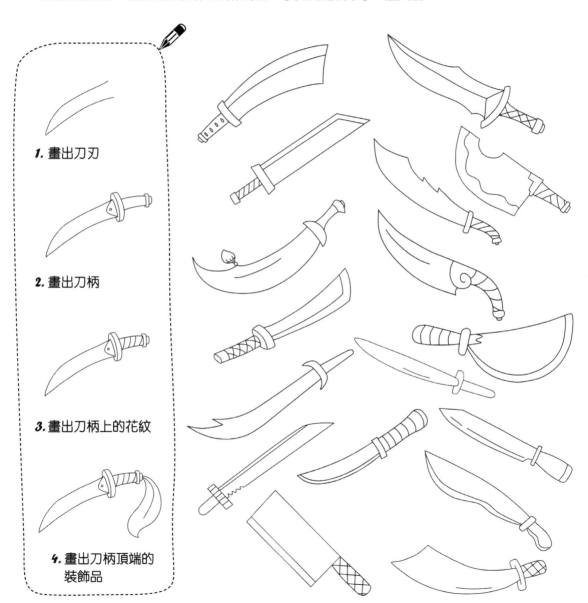

1. 畫出刀刃

2. 畫出刀柄

3. 畫出刀柄上的花紋

4. 畫出刀柄頂端的
   裝飾品

燈籠

代表團圓與喜慶的燈籠，因其造型多樣和寓意吉祥而受到人們的喜歡。

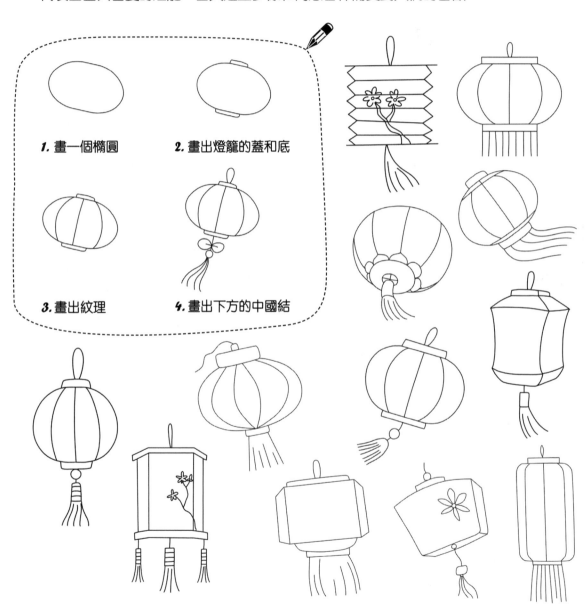

1. 畫一個橢圓

2. 畫出燈籠的蓋和底

3. 畫出紋理

4. 畫出下方的中國結

風箏

最早的風箏是由古代中國人發明的，名叫「紙鳶」。現代風箏主要有軟翅風箏、硬翅風箏和板子風箏三種。

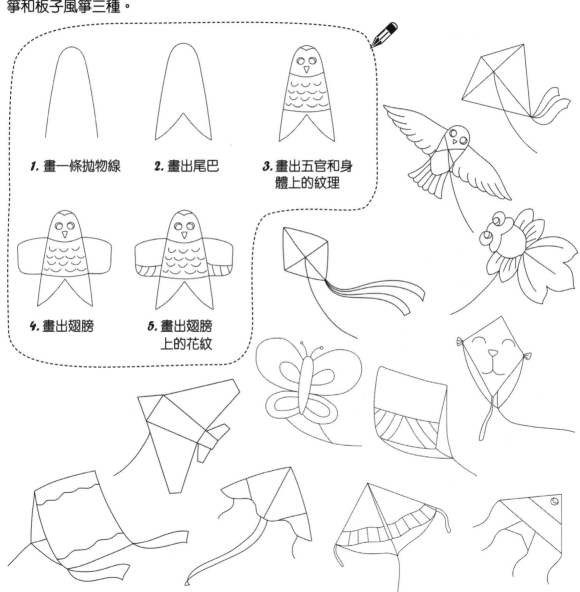

1. 畫一條拋物線

2. 畫出尾巴

3. 畫出五官和身體上的紋理

4. 畫出翅膀

5. 畫出翅膀上的花紋

弓箭

弓箭是古代人們常用的遠程兵器，由弓和箭兩部分組成。

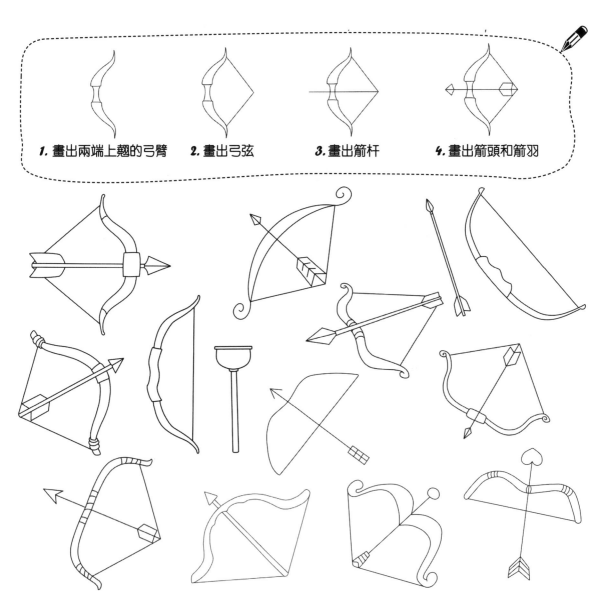

1. 畫出兩端上翹的弓臂　2. 畫出弓弦　3. 畫出箭杆　4. 畫出箭頭和箭羽

火箭

火箭是一種人們多在發射衛星時使用的燃氣推進裝置。

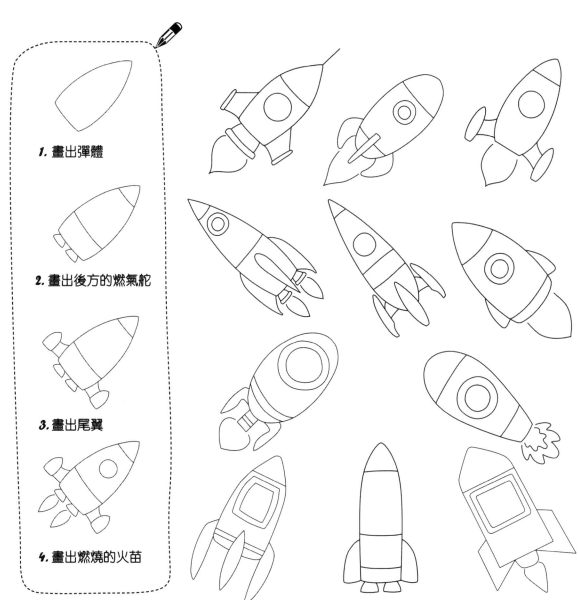

1. 畫出彈體

2. 畫出後方的燃氣舵

3. 畫出尾翼

4. 畫出燃燒的火苗

劍

劍是古代俠客們常用的兵器之一，可分為長劍和短劍兩種。

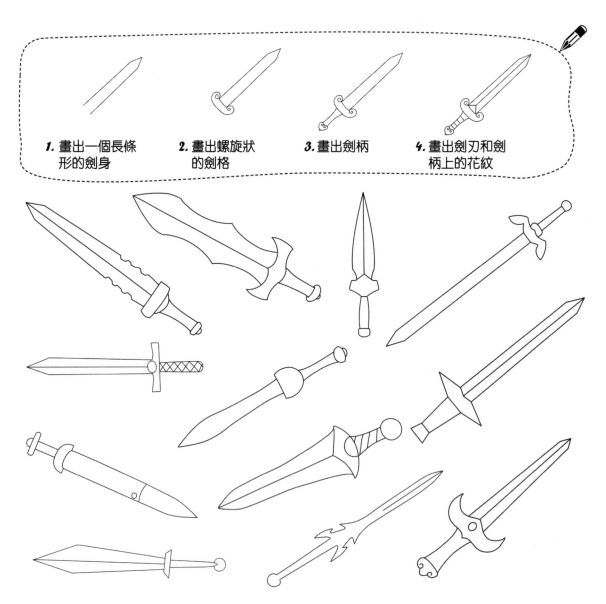

1. 畫出一個長條形的劍身

2. 畫出螺旋狀的劍格

3. 畫出劍柄

4. 畫出劍刃和劍柄上的花紋

獎盃

獎盃的形狀各不相同，用於表彰在某一領域有傑出貢獻的人們。

1. 畫出杯身   2. 畫出底座

2. 畫出底座

街道

街道主要包括寬闊的馬路和路邊的建築物，是一個帶有社交性質的場所。

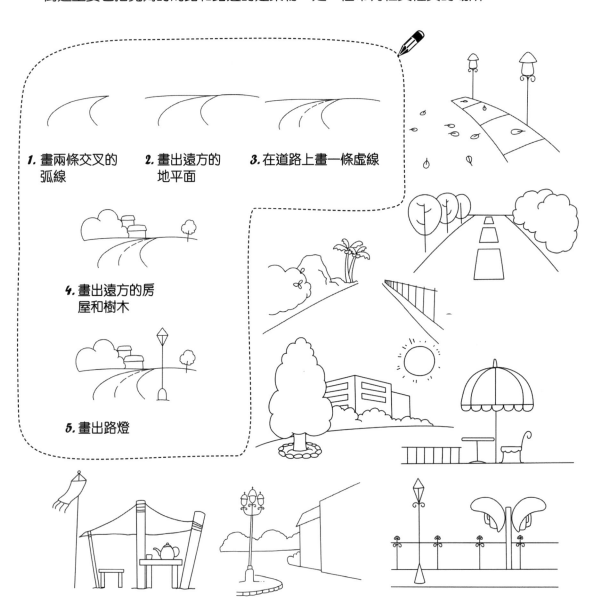

1. 畫兩條交叉的弧線

2. 畫出遠方的地平面

3. 在道路上畫一條虛線

4. 畫出遠方的房屋和樹木

5. 畫出路燈

樂器

樂器是能夠發出樂聲的工具，它的種類繁多，一般人們將其分為民族樂器和西洋樂器兩類。

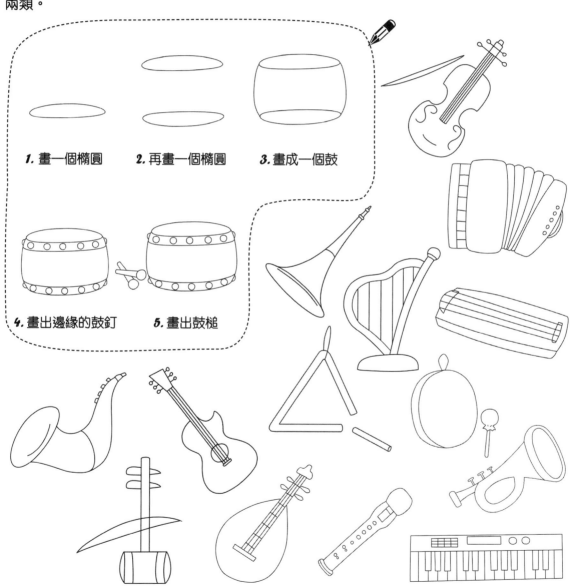

1. 畫一個橢圓
2. 再畫一個橢圓
3. 畫成一個鼓
4. 畫出邊緣的鼓釘
5. 畫出鼓槌

鈴鐺

鈴鐺是一種用金屬製成的響器，在特殊的節日裡有其獨特的含義，比如聖誕節，代表著和平與安寧。

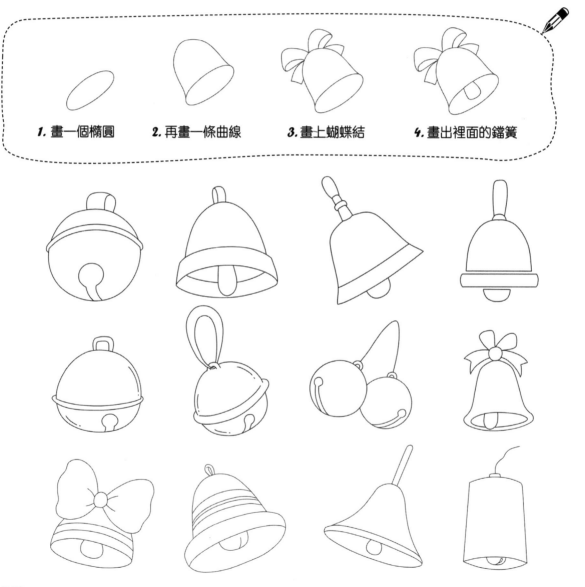

1. 畫一個橢圓　　2. 再畫一條曲線　　3. 畫上蝴蝶結　　4. 畫出裡面的鐺簧

路燈

路燈根據不同的標準可以分為不同的種類，比如按造型可分為仿古燈、中華燈、景觀燈等。

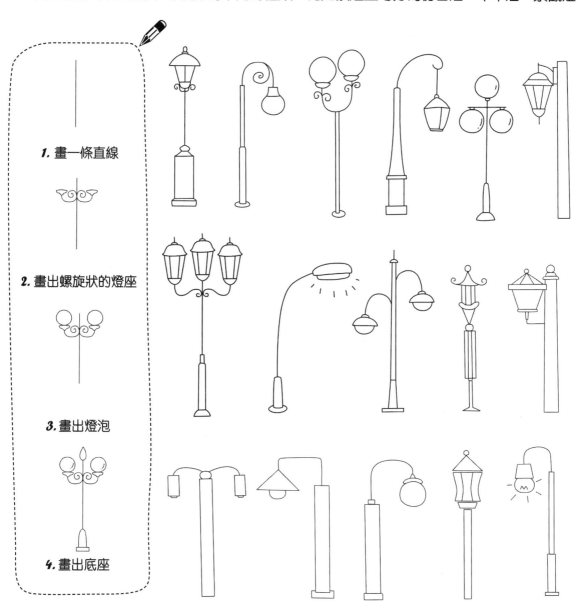

1. 畫一條直線

2. 畫出螺旋狀的燈座

3. 畫出燈泡

4. 畫出底座

路牌

路牌是用來指示方向或說明前方路況的牌子。

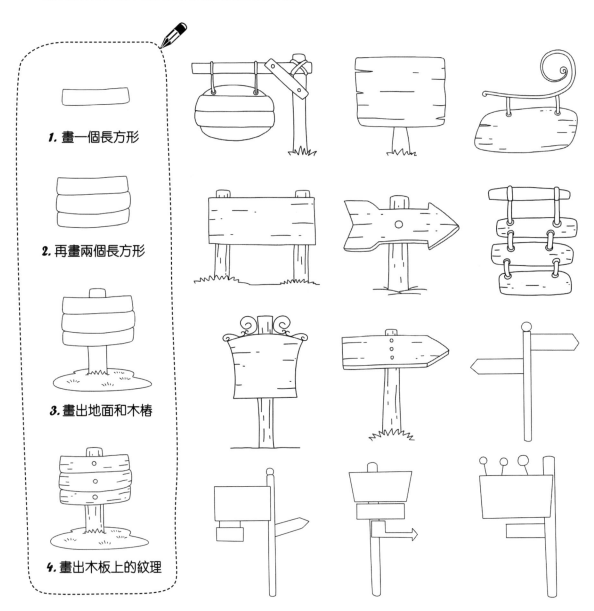

1. 畫一個長方形

2. 再畫兩個長方形

3. 畫出地面和木樁

4. 畫出木板上的紋理

水井

水井的主要功能是供人們開採地下水，一般用於生活飲水或灌溉。

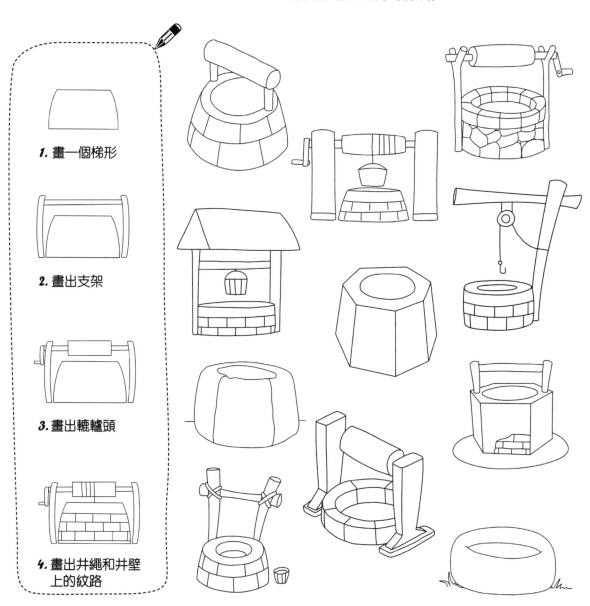

1. 畫一個梯形

2. 畫出支架

3. 畫出轆轤頭

4. 畫出井繩和井壁
   上的紋路

水晶

水晶是稀有礦石中的一種，有多種不同的顏色，比如粉色水晶、紫色水晶等。

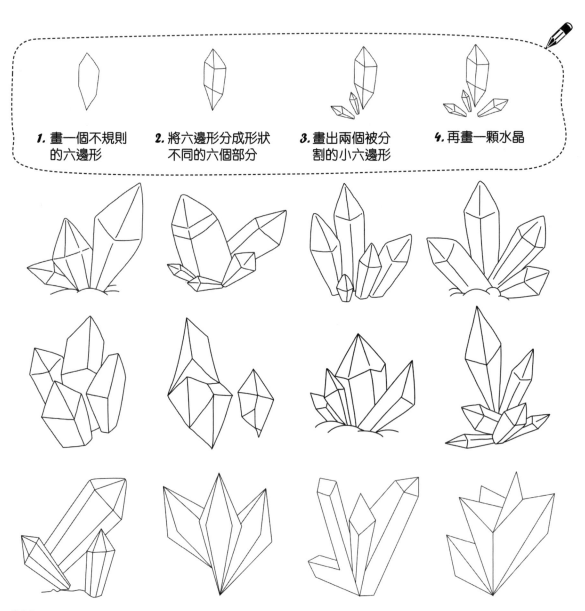

1. 畫一個不規則的六邊形

2. 將六邊形分成形狀不同的六個部分

3. 畫出兩個被分割的小六邊形

4. 再畫一顆水晶

坦克

有「陸戰之王」稱號的坦克是一種有高強火力和強大裝甲防護力的作戰武器。

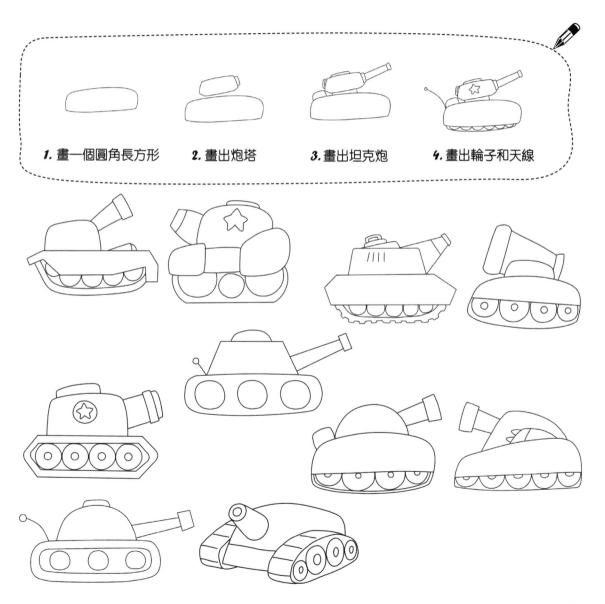

1. 畫一個圓角長方形　　2. 畫出炮塔　　3. 畫出坦克炮　　4. 畫出輪子和天線

陶器

最初出現的陶器是生活用品，現多被用來當作工藝品進行收藏。

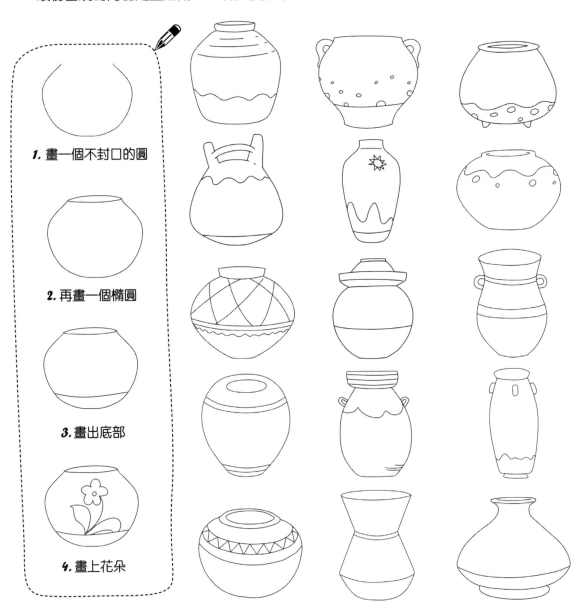

1. 畫一個不封口的圓

2. 再畫一個橢圓

3. 畫出底部

4. 畫上花朵

陀螺

陀螺是一種上部圓、下部尖的玩具，多以木頭、塑膠或鐵製成。

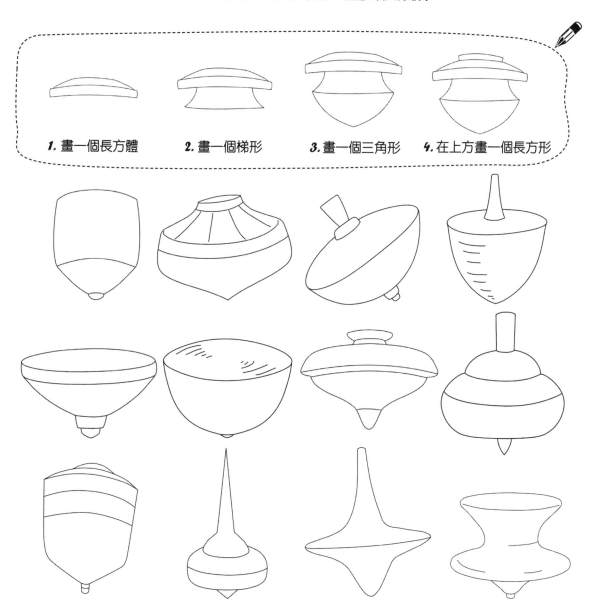

1. 畫一個長方體　　2. 畫一個梯形　　3. 畫一個三角形　　4. 在上方畫一個長方形

外星人

外星人是人們對地球以外的天體上可能存在的具有高等智慧生物的統稱。

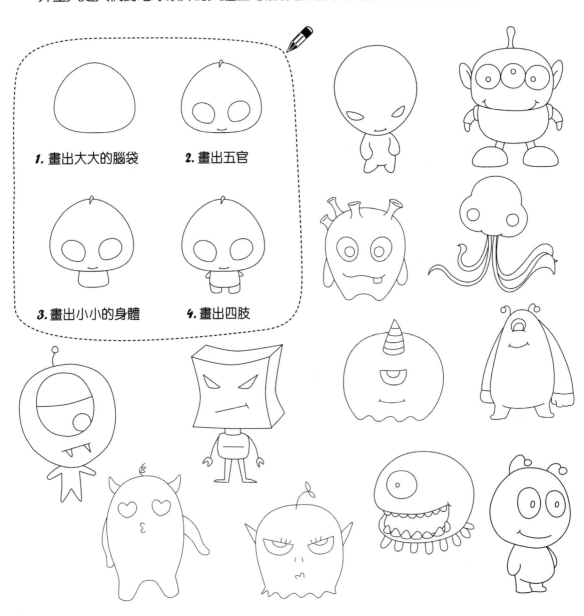

1. 畫出大大的腦袋
2. 畫出五官
3. 畫出小小的身體
4. 畫出四肢

玩具

玩具種類多樣，包括自然物體，比如泥土；還包括很多人工製作的玩具，比如毛絨玩具。

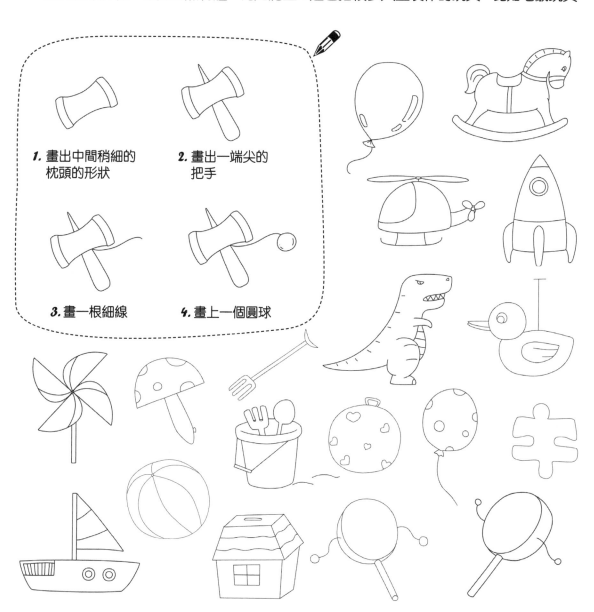

1. 畫出中間稍細的枕頭的形狀

2. 畫出一端尖的把手

3. 畫一根細線

4. 畫上一個圓球

風鈴

風鈴是一種利用風吹物體、使其相碰發出響聲的物品。風鈴在許多地區被看成是幸運的象徵。

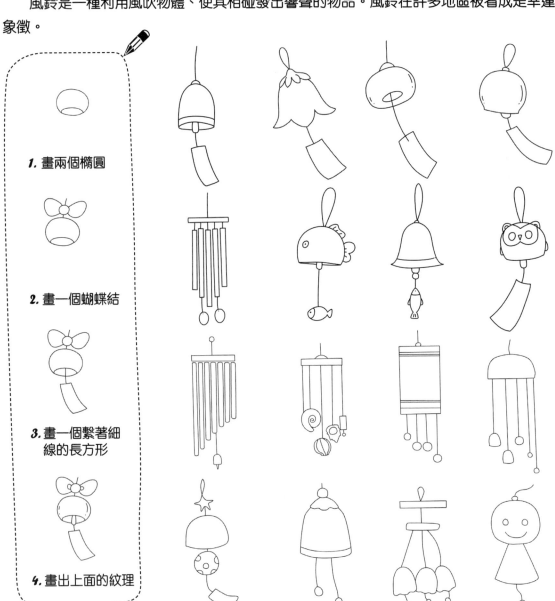

1. 畫兩個橢圓

2. 畫一個蝴蝶結

3. 畫一個繫著細線的長方形

4. 畫出上面的紋理

路障

路障是人們放在道路上的障礙物，主要用於阻止機動車輛通行。

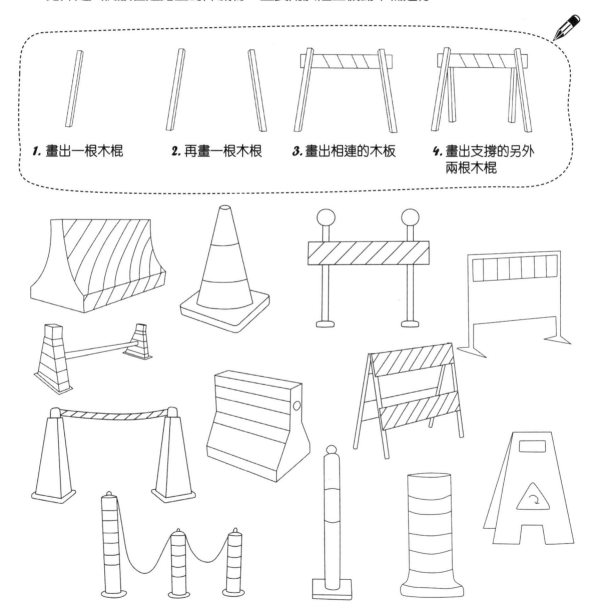

1. 畫出一根木棍
2. 再畫一根木棍
3. 畫出相連的木板
4. 畫出支撐的另外兩根木棍

雪人

雪人是指人形的雪堆，堆雪人是冬季下雪時人們經常進行的活動。

1. 畫出帶有圓球的三角帽

2. 畫出臉型

3. 畫上五官

4. 畫出身體

5. 畫上圍巾

洋娃娃

洋娃娃多是布製的玩偶，其中最受歡迎的是美麗的芭比娃娃。

1. 畫出臉型和頭髮　　2. 畫出帽子和五官　　3. 畫出上半身

4. 畫出下半身　　5. 畫上蝴蝶結

衛星

衛星可分為天然衛星和人造衛星兩種，是圍繞行星做週期性運動的天體。

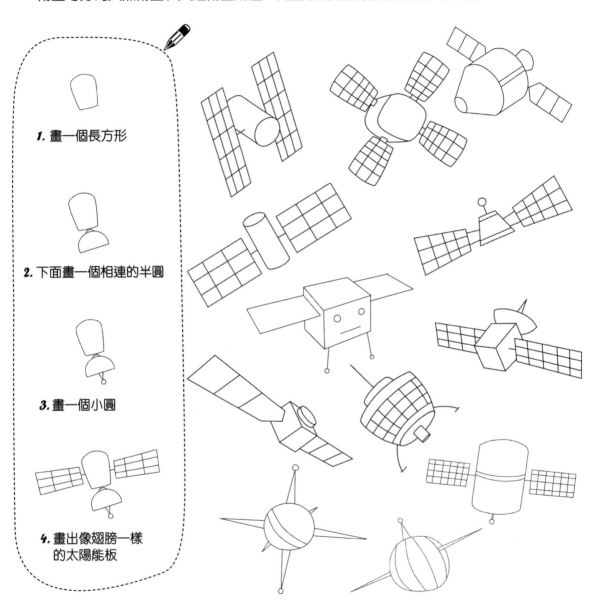

1. 畫一個長方形

2. 下面畫一個相連的半圓

3. 畫一個小圓

4. 畫出像翅膀一樣的太陽能板

熱氣球

熱氣球是利用空氣浮力進行飛行的交通工具，可用於航空旅遊。

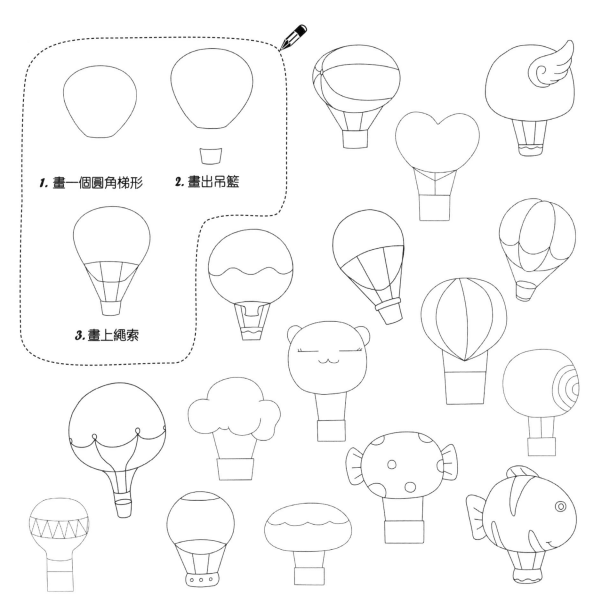

1. 畫一個圓角梯形

2. 畫出吊籃

3. 畫上繩索

潛水艇

潛水艇的形式和種類多樣，但它們都是在水下運行的艦艇。

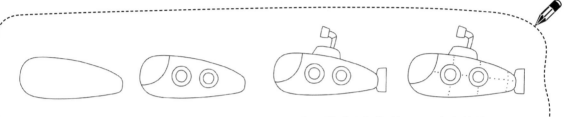

1. 畫一個不規則的橢圓　2. 畫出艇身上的窗戶　3. 畫出潛望鏡和螺旋槳　4. 畫出花紋

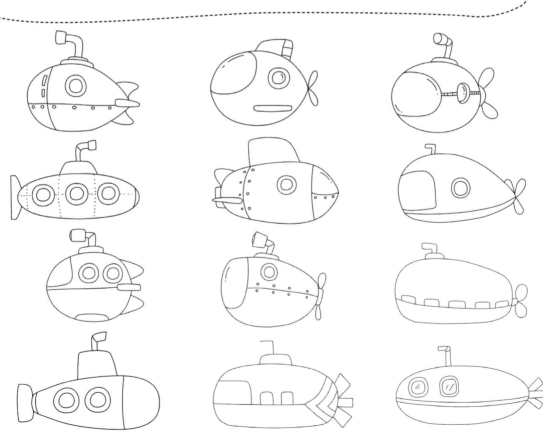

吊車

吊車是起重機械的統一稱呼，是一種用來搬運重物的機械。

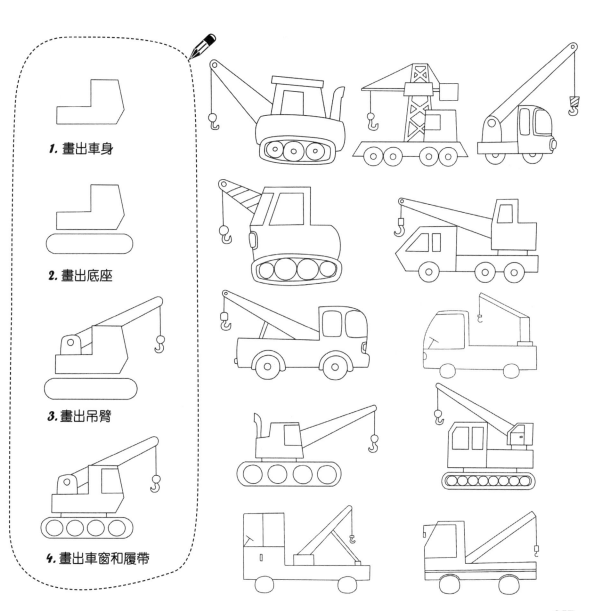

1. 畫出車身

2. 畫出底座

3. 畫出吊臂

4. 畫出車窗和履帶

飛艇

飛艇是一種依靠氣囊內輕於空氣的氣體所產生的浮力進行飛行的航空器。

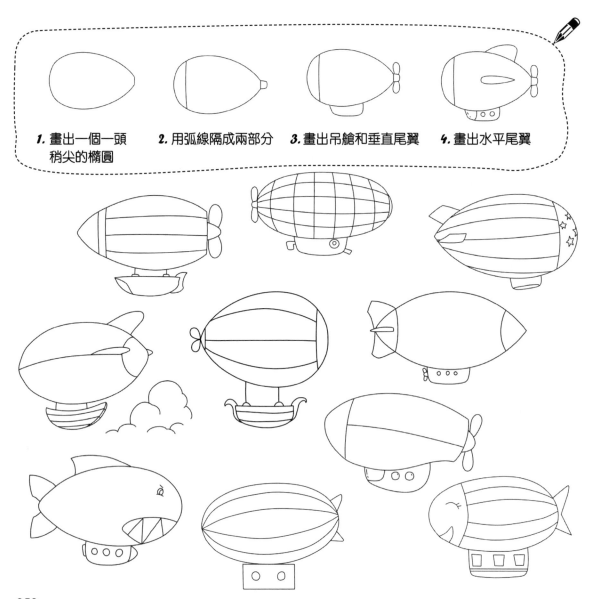

1. 畫出一個一頭稍尖的橢圓

2. 用弧線隔成兩部分

3. 畫出吊艙和垂直尾翼

4. 畫出水平尾翼

古代酒杯

各式各樣的古代酒杯不僅是飲酒的器具，更是構思精巧的藝術品。

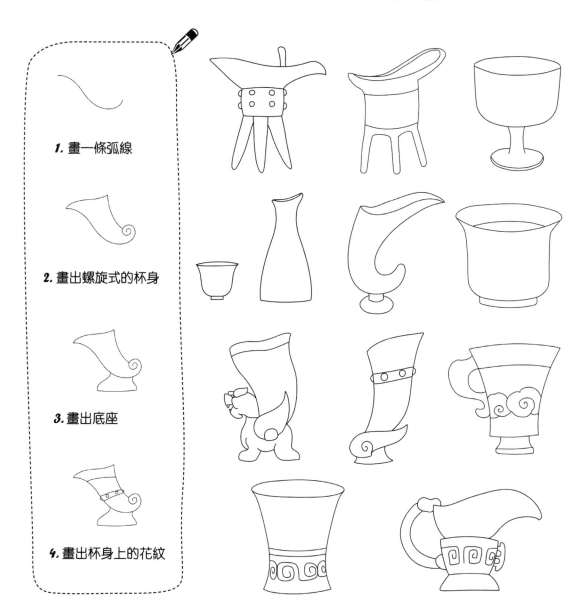

1. 畫一條弧線

2. 畫出螺旋式的杯身

3. 畫出底座

4. 畫出杯身上的花紋

極簡簡筆畫 6000 例

主編
趙京京

編著
壹號圖編輯部

責任編輯
吳春暉

裝幀設計
陳翠賢

排版
何秋雲

出版者
萬里機構出版有限公司
香港英皇道499號北角工業大廈20樓
電話：2564 7511　傳真：2565 5539
電郵：info@wanlibk.com　網址：http://www.wanlibk.com
http://www.facebook.com/wanlibk

發行者
香港聯合書刊物流有限公司
香港荃灣德士古道 220-248 號荃灣工業中心 16 樓
電話：2150 2100　傳真：2407 3062
電郵：info@suplogistics.com.hk　網址：http://www.suplogistics.com.hk

承印者
中華商務彩色印刷有限公司
香港新界大埔汀麗路 36 號

出版日期
二〇一九年八月第一次印刷
二〇二一年六月第二次印刷